ENTSPANNUNGS-TRAINING FÜR HUNDE

STRESS, ÄNGSTE UND VERHALTENS-PROBLEME REDUZIEREN

©Archiv Freiling

Karin Petra Freiling

ENTSPANNUNGS-TRAINING FÜR HUNDE

STRESS, ÄNGSTE UND VERHALTENS-PROBLEME REDUZIEREN

CADMOS

Autorin und Verlag haben den Inhalt dieses Buches mit großer Sorgfalt und nach bestem Wissen und Gewissen zusammengestellt. Für eventuelle Schäden an Mensch und Tier, die als Folge von Handlungen und/oder gefassten Beschlüssen aufgrund der gegebenen Informationen entstehen, kann dennoch keine Haftung übernommen werden.

IMPRESSUM

CADMOS im CADMOS Verlag

3. Auflage 2018, unveränderter Nachdruck 2023

Titelgestaltung und Layout: www.ravenstein2.de
Satz: Pinkhouse Design, 1140 Wien
Coverfoto: Madeleine Franck
Fotos und Abbildungen im Innenteil: Archiv Freiling, www.shutterstock.com
Lektorat: Maren Müller

Druck: www.graspo.com

Deutsche Nationalbibliothek – CIP-Einheitsaufnahme
Die Deutsche Nationalbibliothek verzeichnet diese Publikation in der Deutschen Nationalbibliografie; detaillierte bibliografische Daten sind im Internet über http://dnb.ddb.de abrufbar.

Printed in EU

ISBN: 978-3-8404-2514-1

INHALT

©Archiv Freiling

Vorwort von Linda Tellington-Jones

Karin Petra Freiling ist ein Engel in der Welt der Hunde. Sie hat auf wundervolle Art bereits Hunderte von Hunden gerettet, die ansonsten keine Chance mehr gehabt hätten. Sie hat sie behandelt, trainiert und ihre Besitzer geschult. Immer wieder zeigt Karin ihre Gabe, Verhaltens- und körperliche Probleme von Hunden zu beheben, die oft bereits aufgegeben wurden. Für all diese Hunde findet Karin auf fast schon magische Weise perfekte neue zweibeinige Partner, die sie in ihrem Zuhause aufnehmen.

Karins einzigartiges Wissen ist der Schlüssel zu diesem Buch. Sie ist eine der erfahrensten Tellington-TTouch®-Instruktorinnen auf internationaler Ebene, sowohl für die Arbeit mit Kleintieren als auch für die Anwendung des Tellington TTouch® im humantherapeutischen Bereich.

Bei ihrer Arbeit kombiniert Karin die Tellington-TTouch®-Methode mit ihrer Art des Clickertrainings, die Leichtigkeit und Spaß bei gleichzeitiger Achtung der Individualität des Hundes in den Vordergrund stellt. Sie werden in diesem Buch lernen, wie Sie Ihren Hund in überraschend kurzer Zeit in einen entspannten, ausgeglichenen und fokussierten Zustand bringen.

Ein zentrales Element der Tellington-TTouch®-Methode ist es, die Philosophie, die Persönlichkeit, die Individualität und die Seele unserer Hunde zu würdigen. Karin lebt die magische Kommunikation, die diese spezielle Art der Interaktion mit unseren Hunden auszeichnet. Wir sprechen von Quantenbeziehung, weil sie Veränderungen ermöglicht, die wir oft mit unserem Verstand nicht beschreiben können, deren Ergebnisse aber offensichtlich sind.

Ein grundlegendes Konzept von Tellington TTouch® lautet: „Ändere deine Einstellung und du veränderst deinen Hund!" Führen Sie sich, statt den Fokus auf das Verhalten, die Leistung oder die gesundheitliche Verfassung Ihres Hundes zu legen, die Ihnen Sorgen bereitet, den Zustand, den Sie erreichen wollen, vor Augen. Von einem meiner Lieblingsautoren, dem Visionär Dr. Larry Dossey, stammt eine Theorie der Quantenwissenschaft, die die Idee, dass wir unsere Hunde mit unseren Gedanken und inneren Bildern beeinflussen können, unterstützt: „Der Geist ist unendlich. Meine Gedanken berühren die aller anderen, und die Gedanken der anderen berühren meine. Alle Gedanken sind verbunden."

Ein Kerngedanke von Tellington TTouch® basiert auf den Lehren aus dem von der USA Foundation for Inner Peace herausgegebenen Buch *Ein Kurs in Wundern*, die besagen, dass „Aggression die Folge von Angst ist und oft einen Hilferuf darstellt". Strafe ist kein Bestandteil von TTouch. Wir haben die Absicht, unseren Hunden beizubringen zu denken, anstatt instinktiv zu reagieren.

Mithilfe funktioneller Magnetresonanztomographie lässt sich zeigen, dass Hunde ein bisher für unmöglich gehaltenes Maß an Verständnis entwickeln können. In seinem wegweisenden Buch *How Dogs Love Us* zeigt Gregory Berns auf, dass Hunde uns gefallen wollen und in der Lage sind Dinge zu verstehen, von denen wir bisher höchstens geträumt haben.

Ein weiterer Kerngedanke von TTouch lautet: „Verändere die Haltung und du veränderst das Verhalten!" Indem Sie den Körper Ihres Hundes ttouchen, können Sie eine Haltung der Kampf- oder Fluchtbereitschaft, in der das sympathische Nervensystem aktiviert ist, in Richtung eines entspannten Zustands, der vom parasympathischen Nervensystem ausgeht, verändern. Die Emotionen von Hunden lassen sich vor allem über Ohren, Maul, Rute und Pfoten beeinflussen.

Das zweite T in Tellington TTouch® steht für Vertrauen (engl. „trust"). Diese Arbeit hilft also, ein tiefes Gefühl von Vertrauen zwischen Hund und Mensch aufzubauen.

Viele Teile der Tellington-TTouch-Methode® haben sich intuitiv im Lauf der Jahre entwickelt und werden inzwischen von der Forschung bestätigt. Eine Studie der US-Regierung hat nachgewiesen, dass durch leichte Berührungen mehr Oxytocin, auch Vertrauenshormon genannt, freigesetzt wird und weniger Kortisol (ein Stresshormon).

TTouches werden mit leichtem Druck ausgeführt und zielen darauf ab, die Kommunikation zwischen den Zellen zu aktivieren. So werden die Selbstheilungskräfte des Körpers unterstützt. Wenn Ihr Hund aufsteht und herumläuft, während Sie ihn ttouchen, wenden Sie vermutlich zu viel Druck an. Probieren Sie mal aus, was passiert, wenn Sie die Druckstärke oder die Geschwindigkeit verändern oder einen anderen TTouch wählen.

Karin besitzt die Fähigkeit zu inspirieren, nicht nur durch ihre beeindruckenden Erfolge bei der Arbeit mit Hunden. Sie vermittelt ebenso den Individuen am anderen Ende der Leine das Gefühl von tiefer Verbundenheit, Liebe und Respekt.

Ich wünsche mir, dass dieses Buch Ihnen zu einer besonderen TTouch-Quantenbeziehung von Herz zu Herz mit Ihrem Hund verhilft und Ihr Leben unermesslich bereichert.

Ihre Linda Tellington-Jones

Ich widme dieses Buch meinem geliebten Sheltierüden Schampus, der während der Schreibarbeiten für dieses Buch nach fast 17 gemeinsamen Jahren über die Regenbogenbrücke ging und nun in meinem Herzen wohnt.

Vorwort von Karin Petra Freiling

Als ich noch ein Baby war, animierte mich die acht Wochen junge Schäferhündin meiner Großeltern dazu, aus meiner Tragetasche zu krabbeln und mich mit ihr zum Kuscheln unter den Küchentisch zu verziehen. Dort lagen wir in den kommenden 14 Jahren sehr oft. Ihr Name war Gitta und sie hat mich vieles gelehrt. Sie zeigte mir nicht nur, dass sie in der Lage war, meine Worte, Gedanken und Gesten wahrzunehmen und entsprechend zu reagieren, sondern sie brachte mir auch bei, Hunde und ihre Stimmungen zu lesen und einzuschätzen. So kam es wohl, dass ich schon im zarten Alter von fünf Jahren mit Hunden umgehen konnte, die eigentlich als aggressiv galten. Mein Großvater erkannte diese Fähigkeit und förderte sie entsprechend, wofür ich ihm sehr dankbar bin. Das schlimmste Erlebnis meiner Kindheit war der Abschied von meiner besten Freundin Gitta.

Seit meinem 16. Lebensjahr arbeite ich aktiv im Tierschutz, und mit der Zeit nahm ich immer häufiger schwierige, ängstliche, aggressive oder kranke Tiere als Pflegehunde auf, oft auch hyperaktive und unbändige Junghunde. Nach meinem Biologiestudium und weiteren Qualifikationen wie der zur Tellington-TTouch®-Trainerin begann ich, Menschen mit ihren Hunden zu beraten. Meine Erfahrung als Trainerin und Beraterin hat mir seither immer wieder gezeigt, dass viele Menschen instinktiv wissen, wie sie mit ihrem Hund umgehen sollen, sich jedoch leider durch Theorien, Tipps aus Fernsehsendungen und festgefahrene Meinungen verunsichern lassen. Daher möchte ich Sie, liebe Leser, dazu auffordern, öfter auf Ihr Bauchgefühl und Ihr Herz zu hören. Sie sind Ihr eigener guter Berater im Umgang mit allen Lebewesen!

Bei meiner Arbeit geht es mir nicht um schnelle Erfolge, sondern um ein Wachsen des Verständnisses, der Achtung und der Liebe zwischen Mensch und Hund. Jeder Halter und jeder Hund hat es verdient, individuell und respektvoll behandelt zu werden. Jedes Tier ist unser Lehrer, unser Freund, der uns eine bestimmte Fähigkeit beibringen kann. Wenn Hundehalter auf ihren Hund achten und auf ihre Intuition vertrauen, tun sie oft genau das Richtige. Niemand kennt Ihren Hund besser als Sie selbst. Lassen Sie sich also nicht Ihre Verantwortung aus der Hand nehmen, sondern stehen Sie für sich und Ihren Hund ein, verlassen Sie sich auf Ihr Gefühl, beobachten Sie Ihren Hund und lernen Sie ihn immer besser kennen. Verständnis und ein natürliches Miteinander sind die Grundlage für ein entspanntes Zusammenleben.

Mein Ziel ist es also, Ihnen mit diesem Buch Mut zu machen, sich und Ihrem Hund selbst zu helfen. Und selbstverständlich habe ich für Sie aus meinem Erfahrungsschatz Tipps und Techniken zusammengestellt, mit denen Sie Ihren Hund dabei unterstützen können, sein inneres Gleichgewicht zu finden. Ich bin sicher, Sie werden damit Erfolg haben, und wünsche Ihnen und Ihrem Vierbeiner viel Spaß beim Ausprobieren und Genießen!

Ihre Karin Petra Freiling

©Archiv Freiling

EINLEITUNG

Ein unausgeglichener Hund reagiert instinkt- und triebgesteuert, der gelassene Hund ist hingegen in der Lage, Dinge zu überschauen und angepasst zu reagieren. Schon diese Erkenntnis zeigt, wie wichtig Entspannung für jeden Hund ist, um im Alltag zurechtzukommen und sich wohlzufühlen.

Es fängt bereits beim Welpen an. Ein Welpe, der nicht genug Schlaf bekommt, ist überfordert und gereizt, was dazu führen kann, dass er unsicher und ängstlich oder unbändig und aggressiv reagiert.

Welpen und pubertierende Hunde haben allgemein die Tendenz, sich mehr zuzumuten, als sie eigentlich können. Es ist hilfreich für ihre gesunde Entwicklung, ihnen Ruhe und Ausgeglichenheit anzubieten.

Auch ausgeglichene erwachsene Hunde können hier und da in Stress geraten, zum Beispiel beim Tierarztbesuch, bei Turnieren und Prüfungen, bei Familienfesten, Umzug, Familienzuwachs, Gewitter oder Feuerwerk. Je schneller sie nach solchen Stresssituationen wieder zur Ruhe finden, umso ausgeglichener bleiben sie.

Alte Hunde profitieren davon, mehr Ruhe zu haben und diese in Würde genießen zu dürfen. Doch auch sie brauchen für ihr seelisches Gleichgewicht Ansprache sowie angepasste geistige und körperliche Auslastung.

Bei Hunden, die aufgrund einer negativen Vorgeschichte ängstlich, aggressiv, überdreht oder krank sind, ist es ganz besonders wichtig, auf ein hohes Maß an Ausgeglichenheit zu achten. Allein dadurch lässt sich oft eine Verbesserung der Situation erreichen.

Mit gezielten Übungen, einer individuellen Herangehensweise und der passenden inneren Einstellung können Sie Ihrem Tier helfen, zu mehr Ruhe und Gelassenheit zu finden. Die in diesem Buch vorgestellten Techniken und Hilfsmittel eignen sich dazu hervorragend, und das Schöne daran ist, dass die Übungen Spaß machen, kaum Extrazeit kosten und zudem noch sehr effektiv sind. Alle Techniken werden die Bindung zwischen Ihnen und Ihrem Hund verbessern und Ihre Beziehung zueinander bereichern.

Die Macht der Gewohnheit

Es gibt eine Bauernregel, die lautet: „Säe 21 Tage eine Tat und du erntest eine Gewohnheit!" Das heißt, wenn wir eine neue Technik drei Wochen lang täglich ausführen, haben wir sie integriert. Dann müssen wir nicht mehr darüber nachdenken, bevor wir sie einsetzen. Wir handeln von da an automatisch und instinktiv. Nehmen Sie sich also die Zeit, die in diesem Buch beschriebenen Techniken regelmäßig anzuwenden. So werden sie für Sie und Ihren Hund zum vertrauten Ritual, auf das Sie in Stresssituationen zurückgreifen können.

Sie werden sehen: Je ausgeglichener Ihr Hund wird, desto aufgeschlossener ist er für neue Dinge und desto erfüllter wird das Zusammenleben mit ihm sein. Sie werden zudem feststellen, dass einige der Übungen auch Ihnen selbst sehr guttun, indem sie Ihnen mehr Entspannung bringen. Denken Sie daran: Tiere sind der Spiegel unserer Seele und sie können uns zeigen, was wir selbst brauchen. Brauchen Sie also möglicherweise gerade etwas Ruhe?

Besonders geeignet zur gezielten Entspannung ist die Tellington-TTouch®-Methode. Wie Beobachtungen zeigen, ruhen Wölfe und Hunde in der Natur circa 17 Stunden am Tag. Sie schlafen dann nicht zwingend, sondern sie dösen; sie befinden sich in dem so wohltuenden und lebenswichtigen Alpha-Zustand, dem Zustand leichter Entspannung. Diese Art der Entspannung lässt sich mit den von Linda Tellington-Jones entwickelten Techniken und Übungen, idealerweise kombiniert mit Clickertraining, besonders gut fördern, und je länger man mit der Methode arbeitet, desto schneller wird die Entspannung einsetzen.

Sie müssen also kein schlechtes Gewissen haben, wenn Sie Ihrem Hund Ruhe gönnen, auch wenn er einer Arbeitshunderasse angehört. Solche Auszeiten tun gut, solange andererseits genügend Möglichkeiten zur rassetypischen Beschäftigung geboten werden. Es gehört zu unserer Sorgfaltspflicht, darüber nachzudenken, welche Anlagen unser Hund mitbringt und was wir ihm zur Auslastung anbieten können. Das muss nicht kompliziert sein. Ich persönlich liebe Dinge, die sich gut in den Alltag inte-

Buddeln ist die Lieblingsbeschäftigung vieler Terrier. (Foto: Archiv Freiling)

grieren lassen. Ein Retriever, der zum Zurückbringen von Beutetieren gezüchtet wurde, kann zum Beispiel die Zeitung ins Haus tragen, Schuhe bringen, Körbe und Taschen tragen und Gegenstände aufheben, die heruntergefallen sind.

Für Dackel oder Terrier hat es sich bewährt, eine Sandkiste anzubieten, in der sie nach Herzenslust buddeln dürfen. Sie können dieses Erlebnis noch verschönern, indem Sie Leckereien oder Spielzeug im Sand verstecken. Bücher mit Tipps zur artgerechten Beschäftigung von Hunden gibt es viele. Hierauf soll in diesem Buch also nicht weiter eingegangen werden.

Eine gute Mischung zwischen Entspannung und Beschäftigung, an der alle Hunde Gefallen finden, ist ausgiebiges Kauen und Schlecken. Gut geeignet sind hierzu beispielsweise ein mit Hüttenkäse und Leberwurst gefüllter Kong®, ein Stück hart getrocknetes Vollkornbrot oder ein Kauspielzeug.

Die Gelassenheit Ihres Hundes können Sie außerdem durch viele weitere Dinge fördern, auf die ich im Folgenden zusätzlich zu den eigentlichen Entspannungstechniken näher eingehen werde, darunter gesundes Futter, was mir ein besonderes Anliegen ist, entspannende Musik, beruhigende Düfte und natürliche Heilmittel.

Seelenhunde sind der Anker, an dem dein Leben hängt. Euch verbindet ein unsichtbares Band, wie aus Gummi, und je weiter ihr auseinander seid, desto mehr zieht es euch zurück.

...

Seelenhunde reparieren deine Seele und auch dein Herz, jeden Tag mehrmals und immer wieder. Sie machen es einfach so, ohne Mühe.

...

Seelenhunde sind die Liebe und die Wärme in eurem Herzen. Sie sind die letzte Zuverlässigkeit in der Welt, wenn alles andere euch verlassen hat.

...

Seelenhunde sind der Grund, warum du bist. Und sie sind der Grund, warum du jeden Tag erneut die Kraft hast, einen Tag mehr zu leben!

Severine Martens,
aus "Mistköter und Seelenhunde"

©Archiv Freiling

VORAUSSETZUNGEN FÜR ENTSPANNUNG SCHAFFEN

Die wichtigste Voraussetzung für die Entspannung Ihres Hundes ist Ihre eigene Einstellung. Je ausgeglichener der Hundebesitzer, desto entspannter der Hund. Mein Lehrer und Freund Dr. Roger Mugford sagte einmal zu mir: „Karin, wenn du den Hunden helfen möchtest, dann musst du ihren Besitzern helfen", eine Aussage, die sich im Lauf meiner Karriere häufig bestätigt hat. Unermüdlich suche ich nach Mitteln und Wegen, um den Menschen zu helfen, zu ihrer inneren Mitte und Stärke zu finden.

Darüber hinaus ist ein liebe- und verständnisvoller Umgang mit dem Hund wichtig, bei dem Sie vor allem auf Ihr Bauchgefühl vertrauen sollten, statt sich von Erziehungstheorien verwirren zu lassen. Und nicht zuletzt kann eine gesunde und artgerechte Ernährung entscheidend zur Ausgeglichenheit Ihres Hundes beitragen. Zu all diesen Aspekten werden Sie in diesem Kapitel mehr erfahren.

Seien Sie ein ruhiges Vorbild

Die Mitglieder eines Hunde- oder Wolfsrudels richten sich immer nach den Elterntieren, weshalb es wichtig ist, als Hundebesitzer die Erfahrung und Souveränität auszustrahlen und auch wirklich im Inneren zu fühlen, die ein solches Familienoberhaupt und Vorbild ausmachen. Für uns Menschen ist das aber nicht immer einfach. Wenn Sie wissen, dass Ihr Hund in bestimmten Situationen ängstlich oder aggressiv reagiert, etwa bei Hundebegegnungen, beim Tierarzt, an Silvester oder beim Klingeln an der Tür, dann sind Sie in diesen Situationen ebenfalls beunruhigt, zucken zusammen und haben die Bilder zuvor erlebter Szenarien im Kopf. Damit beeinflussen Sie Ihren Hund jedoch dahingehend, ganz genauso zu reagieren, wie Sie es von ihm erwarten.

Der Mund-TTouch wirkt in aufwühlenden Momenten beruhigend. (Foto: Archiv Freiling)

Es empfiehlt sich deshalb zu trainieren, auch in solchen Situationen Ruhe zu bewahren, um die eigene Gelassenheit auf den Hund übertragen zu können. Dabei helfen Ihnen die folgenden Übungen. Probieren Sie sie doch am besten gleich aus!

DREI MAGISCHE ÜBUNGEN AUS DEM TELLINGTON TTOUCH FOR YOU®

Der Ohren-TTouch: Nehmen Sie Ihr Ohr zwischen Daumen und Zeigefinger und beginnen Sie am Ohrläppchen, das Ohr in vier Linien von unten nach oben auszustreichen.

Das gleichzeitige Ausstreichen beider Ohren aktiviert beide Gehirnhemisphären und verhilft dadurch zu mehr Gehirnleistung und damit zu erhöhter Konzentration, besserer Koordination und mehr Kreativität. Außerdem hat der Ohren-TTouch eine sehr beruhigende Wirkung. Sie kommen in eine ausgeglichene Stimmung.

Das Ausstreichen der Ohren ist besonders gut, wenn Sie sich vor einer TTouch- oder Übungseinheit mit Ihrem Hund entspannen und konzentrieren wollen. Durch zügiges Ausstreichen der Ohren können Sie in der kalten Jahreszeit zudem Ihren gesamten Organismus erwärmen, wenn

Ihnen beim Hundespaziergang kühl geworden ist.

Der Mund-TTouch: Sind Sie emotional sehr berührt, egal, ob Sie gerade Angst um Ihren Hund haben, wütend auf ihn sind, weil er vor lauter Unruhe etwas kaputt gemacht hat, oder wegen irgendetwas traurig sind, dann wenden Sie den Mund-TTouch an. Verschieben Sie dazu mit Ihren Fingerkuppen die Haut rund um Ihre Lippen in Eineinviertelkreisen. Hierfür sind der Wolkenleopard-TTouch und der Waschbär-TTouch geeignet, die später noch beschrieben werden.

Ihr Mund ist ebenso wie das Maul Ihres Hundes eine der wichtigsten Zonen, um Emotionen und Gefühle abzumildern und in Balance zu bringen. Wenn Sie Ihren Mund auf diese Weise behandeln, werden Sie merken, wie Sie sich langsam beruhigen und wieder zu Ihrer inneren Mitte finden.

Der Herz-TTouch: Dies ist eine der kraftvollsten Übungen. Auf Englisch heißt dieser TTouch Heart Hug, wörtlich übersetzt also „Herzumarmung".

Platzieren Sie Ihre flache Hand auf der Mitte Ihres Brustbeins und visualisieren Sie dort das Zifferblatt einer Uhr. An der Stelle, an der Ihre Hand liegt, befindet sich auf dem Zifferblatt die Zahl sechs. Verschieben Sie nun sanft die Haut über dem Brustbein im Uhrzeigersinn von der Sechs zur Neun, dann über die Zwölf zur Drei wieder zurück zur Sechs und weiter bis zur Neun. Nun holen Sie tief Luft, lösen die Hand leicht und starten wieder bei sechs Uhr auf dem Zifferblatt. Wiederholen Sie das Ganze drei- bis viermal, während Sie sich eine friedliche Szene, einen geliebten Menschen oder ein geliebtes Tier in Ihr Gedächtnis rufen. Spüren Sie, wie Sie zur Ruhe kommen.

Die Ruhe, die Sie jetzt fühlen, würde sich mithilfe eines Pulssensors messen lassen. In der Medizin nennt sich dieser Effekt Herzkohärenz. Sie sind ausgeglichen und befinden sich in Balance. Das hilft Ihnen, auch in schwierigen Situationen ruhig und gelassen zu bleiben, und es fördert außerdem Ihre Intelligenz und Kreativität.

Wenn Sie sich in Herzkohärenz befinden, können Sie logisch und klar denken, auch wenn es um Sie herum etwas turbulent zugeht. Das Faszinierende an diesem Zustand ist, dass Sie ein stabiles elektromagnetisches Feld aufbauen, das in einem Radius von drei Metern um Sie herum messbar ist. Dieses spüren die Tiere, wodurch sie sich ebenfalls beruhigen und entspannen.

Nehmen Sie sich die Zeit und gönnen Sie sich und Ihrem Hund täglich eine wohltuende Herzumarmung.

Der Herz-TTouch kann gern den Anfang jeder Übungssitzung zur Entspannung bilden, die Sie mit Ihrem Hund ausführen (siehe Kapitel „Entspannungstechniken und weitere Hilfen"). Sie werden feststellen, dass Sie selbst sich auf diese Einheiten freuen und Ihr Hund bereits nach wenigen Tagen spürt, dass mit dieser Übung Ruhe einkehrt und auch er sich entspannen kann.

Die folgende kleine Geschichte zeigt, wie wirkungsvoll diese einfache und angenehme Übung sein kann. Sie ist auch empfehlenswert vor Hundeführerschein-, Begleithunde- oder Hundesportprüfungen. Wann immer Aufregung oder etwas Nervenkitzel im Spiel ist, ist es hilfreich, die Herzumarmung durchzuführen.

Der Herz-TTouch hilft, den eigenen Körper in Balance zu bringen. (Foto: Archiv Freiling)

Fallbeispiel: Entspannung durch den Herz-TTouch

Mein interessantester Fall zu den Auswirkungen der Herzkohärenz ist die Wolfsspitzhündin Hanni. Ihre Besitzerin bat mich um Hilfe, da Hanni sehr viel bellte und sie, die ihre Hanni über alles liebte, dann äußerst nervös und gereizt wurde. Ich lehrte sie einige Tools aus der Tellington-TTouch®-Methode, die sie selbst bei ihrer Hündin anwenden sollte, um die Situation zu verbessern.

Nach zwei Monaten traf ich beide wieder. Die Besitzerin erklärte mir seufzend, dass Hannis Bellen sie immer noch so nervös mache und die Aufgabe, verschiedene TTouches zu machen, sie und ihre Hündin noch mehr aufrege, was zu noch mehr Bellen führe. Daraufhin gab ich ihr den Tipp, zunächst bei sich selbst die Herzumarmung zur eigenen Beruhigung anzuwenden und Hanni anschließend zu behandeln.

Nach weiteren zwei Monaten besuchten die beiden ein Tellington-TTouch®-Seminar bei mir. Hanni und ihre Besitzerin betraten den Raum und ich freute mich schon darauf, den Teilnehmern an Hanni zu demonstrieren, welche TTouches man zur Beruhigung einsetzen kann. Die ersten weiteren Hunde kamen dazu und Hanni fing erwartungsgemäß an zu bellen. Ihre Besitzerin reagierte, indem sie sich vor die Hündin stellte, ihre Hände auf ihr eigenes Brustbein legte und mit geschlossenen Augen den Herz-TTouch ausführte. Daraufhin legte Hanni sich hin, schloss ebenfalls die Augen und war mucksmäuschenstill. Die Besitzerin hatte nichts zu ihr gesagt und sie hatte sie auch nicht berührt. Erstaunt schaute ich die Besitzerin an und sie sagte: „Ist das nicht toll, Karin, das klappt jetzt immer so schön, danke für den super Tipp!“ Ich fragte nach, ob sie tatsächlich nur den Herz-TTouch bei sich selbst ausführen würde, was sie bejahte. Ich entgegnete, dass ich ihr doch auch empfohlen hatte, Hanni zusätzlich mit TTouches zu behandeln. Sie antwortete darauf: „Ach nein, das brauchte ich nie, sie war immer schon still und entspannt, wenn ich die Herzumarmung bei mir ausgeführt habe.“

Ich empfehle Ihnen, die „Magischen Drei“ für Ohren, Mund und Herz 21 Tage lang täglich auszuführen. Auf diese Weise automatisieren Sie diese Übungen, sodass sie anschließend ganz nebenbei Ihren Alltag bereichern, indem Sie sie wann immer nötig nutzen.

BODYBLESSING

Das Bodyblessing ist eine angenehme und ausgleichende Übung, die erdet und verbindet. Außerdem können Sie dabei nachempfinden, wie es Ihrem Hund geht, wenn Sie ihn mit langen, sanft streichenden Bewegungen berühren.

Legen Sie zuerst Ihre rechte Hand auf die Mitte Ihres Kopfes und streichen Sie ganz sanft über dessen linke Seite, das Ohr, den Nacken, die Schultern, den Ellenbogen, das Handgelenk bis zu den Fingerspitzen. Umschließen Sie Ihre Fingerspitzen nun mit den Fingerkuppen der rechten Hand. Starten Sie wieder mit der rechten Hand an der Mitte des Kopfes und streichen Sie erneut über Ohr, Nacken und Schulter. Streichen Sie dann mit beiden Händen über die Rippen, die Hüfte und das Bein hinunter bis zum Fuß. Bitte beugen Sie dabei die Knie. Das ist keine gymnastische Übung, sondern es soll vor allem entspannend sein. Sie können das Bodyblessing auch im Sitzen oder Liegen ausführen. Gehen Sie anschließend ein paar Schritte und spüren Sie in sich hinein. Wahrscheinlich fällt Ihnen auf, dass Sie Ihre abgestrichene Körperseite bewusster wahrnehmen und sie sich leichter und geschmeidiger anfühlt. Wiederholen Sie die Übung auf der anderen Seite.

Auch das Bodyblessing empfiehlt sich zur Vorbereitung auf Prüfungen und generell vor hundesportlichen Aktivitäten wie Agility, Dog Dance oder Obedience. Sie werden sich anschließend deutlich koordinierter und konzentrierter bewegen und Ihren Körper effizienter einsetzen.

Ändern Sie Ihre innere Einstellung

Wenn Sie möchten, dass Ihr Hund gelassener wird, ist auch Ihre mentale Einstellung ein wichtiger Faktor. Es lohnt sich sehr, daran zu arbeiten. Versuchen Sie, Ihren Hund genauso zu sehen, wie Sie ihn sich wünschen. Oft fokussieren wir uns nur auf das, was uns nervt, und je mehr wir unsere Gedanken darauf richten, umso intensiver erleben wir das Problem. Da ist es doch viel sinnvoller, sich exakt das vorzustellen, was man gerne hätte und lieber sehen würde.

Achte auf deine Gedanken, denn sie werden deine Worte,
achte auf deine Worte, denn sie werden deine Taten,
achte auf deine Taten, denn sie werden dein Charakter,
achte auf deinen Charakter, denn er wird dein Schicksal.
(Aus den indischen Lehren)

Wenn Kunden zu einer Beratung zu mir kommen, frage ich sie als Erstes, was sie sich wünschen und was ihr Ziel ist. Häufig bekomme ich Antworten wie „Ich wünsche mir, dass mein Hund nicht mehr an der Leine zieht/dass mein Hund nicht mehr an Menschen hochspringt/dass mein Hund aufhört zu bellen/dass mein Hund nicht mehr jagt/ dass mein Hund nichts mehr kaputt macht."

Probieren Sie doch mal die folgende Übung: Denken Sie jetzt bitte NICHT an einen lila Elefanten mit grünen Punkten.

Welches Bild haben sie nun im Kopf? – Eben diesen lila Elefanten, oder? Unser Gehirn kennt das Wort „nicht“ nicht und daher ist die Szene, die im Kopf entsteht, genau die, die wir nicht möchten.

Das, was wir denken, sprechen wir häufig aus. Wenn Sie also beispielsweise Ihren hochspringenden Hund ansprechen und sagen: „Rufus, du sollst doch nicht hochspringen" oder „Bitte nicht bellen“ oder „Lauf nicht zu dem anderen Hund“, was sehen Sie dann vor Ihrem geistigen Auge? Sie sehen sehr wahrscheinlich genau die Szene, die Sie nicht mehr erleben möchten.

Viele Tierexperten, darunter auch Linda Tellington-Jones, sagten schon vor Jahrzehnten, dass die Tiere unsere Gedanken lesen können. Studien über die Spiegelneuronen haben das bestätigt und zeigen, dass Tiere genau das Bild aufnehmen, das wir im Kopf haben, und entsprechend handeln.

Denken Sie also lieber an positive Bilder und gewöhnen Sie sich an, genau das auszusprechen, was Sie gern hätten. So kann Ihr Hund Ihren Wunsch klar aufnehmen und entsprechend handeln. Die Alternativen für die eben genannten Beispiele wären: „Rufus, bitte unten freuen“, „Sei schön leiiiise“ oder „Danke fürs Melden und jetzt sei schön ruhig“ sowie „Bleib schön bei mir“ oder „Schau mich an“.

Eine sehr gute Übung für den Alltag ist, beim eigenen Hund auf all das zu achten, was er richtig und gut macht, und ihn dafür immer mal wieder zu loben. Da wir durch die Medien eher darauf geprägt sind, das Negative zu sehen, ist dieses Umdenken zunächst vielleicht etwas ungewohnt, aber aus der

Loben und Belohnen für richtiges Verhalten ist viel effektiver als Schimpfen für unerwünschtes Verhalten. (Foto: shutterstock.com/Robert Kneschke)

Erfahrung mit vielen inzwischen glücklichen Hundebesitzern weiß ich, dass es möglich ist und wie sehr es sich lohnt. Spielen Sie also Detektiv! Sie werden erstaunt sein, wie viele lobenswerte Dinge Sie finden und was Sie durch Lob verändern können.

Häufig ist beispielsweise die folgende Szene zu beobachten: Der Hund liegt im Restaurant seit einer Stunde unbeachtet brav und artig zu Füßen seines Besitzers. Irgendwann erschrickt er, weil ein neuer Gast das Lokal betritt, und springt auf und bellt. Dafür wird er getadelt, vielleicht sogar ausgeschimpft und streng wieder ins Platz geschickt. Das ist sehr schade, denn in diesem Fall erhält der Hund nur Aufmerksamkeit, wenn er in den Augen des Besitzers etwas falsch macht. Machen Sie es ab jetzt anders: Loben Sie Ihren Hund im Restaurant immer wieder dafür, dass er so brav und ruhig ist. Das muss kein übertriebenes Lob sein, ein Zuzwinkern, ein Lächeln, ein freundliches Wort oder ein kurzes Streicheln genügen. Hunde lieben unsere Aufmerksamkeit und freuen sich über das Lob. Je öfter Sie Ihrem Hund von Herzen sagen, was für ein tadelloser Begleiter er ist, umso öfter wird er sich ganz genau so benehmen, wie Sie es sich wünschen. Ihr Lob macht ihn ruhig und selbstsicher.

Gewöhnen Sie sich an, nicht zu viel auf einmal zu erwarten, sondern die kleinen Erfolge zu sehen. Haben Sie einen sehr lebhaften Hund, ist es wichtig, die ruhigen Momente zu erkennen und den Hund dann für seine Entspannung zu loben. Dies führt Ihnen selbst immer wieder vor Augen: „Ja, auch mein quirliger Vierbeiner kann ruhig und entspannt sein." Je öfter Sie Ihren Fokus darauf lenken und je öfter Sie dieses Verhalten verbal loben, umso häufiger werden solche ruhigen Momente vorkommen.

Ignorieren ist keine Lösung

Gerade wenn es um die Signale geht, die in irgendeiner Form gestresste Hunde aussenden, etwa Bellen, Winseln, Fiepen oder Zittern, hört man leider noch immer häufig den Rat, diese Verhaltensweisen zu ignorieren. In einem mir bekannten Fall riet ein Hundetrainer sogar, es zu ignorieren, wenn der Familienhund in die zarten Füße der dreijährigen Tochter kniff. Kann das wirklich die Lösung sein?

Ein Hund, der solche Signale sendet, hat etwas mitzuteilen. Dies zu ignorieren oder zu unterdrücken, verstärkt den innerlichen Druck und die Unruhe des Hundes nur, was verheerende Folgen haben kann. Knurrt ein Hund beispielsweise bei der Fellpflege, bedanke ich mich bei ihm für diese Information, mache eine kurze Pause und arbeite dann vorsichtiger weiter. Die übliche Reaktion ist ein Aufatmen und Entspannen – das Vertrauen vertieft sich, denn ich habe den Hund ernst genommen. Würde ich sein Knurren hingegen ignorieren oder ihn ausschimpfen und einfach weiterarbeiten, wäre das ein Vertrauensbruch und es bestünde die Gefahr, dass der Hund seinem Unwohlsein durch Schnappen oder Beißen noch deutlicher Ausdruck verleiht.

Es entspricht nicht meiner Erfahrung, dass sich ein Verhalten verstärkt, wenn man sich um einen ängstlichen oder aggressiven Hund kümmert, statt ihn zu ignorieren. Es kommt nur darauf an, in solchen Situationen das Richtige zu tun. Hierzu passt das folgende Fallbeispiel:

Fallbeispiel: Hilfe statt Ignoranz

Eine sehr gute Hundetrainerin kam mit ihrem eigenen Hund, dem Rüden Chayenne, zu mir. Er hatte sich angewöhnt, beim Spazierengehen zwei Meter hinter ihr zu laufen und pausenlos zu bellen.

Die Trainerin hatte zuvor Kontakt zu fünf anderen namhaften Trainerkollegen aufgenom-

Ein Kopfhalfter wie hier oder ein Schnauzband sowie Ohren-TTouches können bei bellenden Hunden Wunder wirken. (Foto: Archiv Freiling)

men, die alle die gleiche Empfehlung gaben: „Ignoriere das Bellen, bis dein Hund damit aufhört.“ Chayenne hörte aber nicht auf.

Das Ganze hatte sich bereits zwei Jahre hingezogen, als sie zu mir kam. Ich schlug vor, Chayenne mit Tellington TTouch® zu behandeln. Sofort sagte die Besitzerin: „Das wird nicht gehen, Chayenne hasst Berührungen.“ Als Tellington-TTouch®-Profi denkt man bei einer solchen Aussage sofort: „Oh, prima, genau hier ist also ein guter Ansatzpunkt.“ Hunde, die sich nicht gern berühren lassen, sind nämlich oft unsicher und unausgeglichen. Ich näherte mich dem Rüden sehr respektvoll, und siehe da, er konnte die Berührung zunächst zulassen und bereits nach kurzer Zeit auch wirklich genießen. Nach der Behandlung legte ich ihm ein Schnauzband an und wir gingen spazieren. Er bellte dabei nicht ein einziges Mal und wirkte viel entspannter und fröhlicher als sonst. Seitdem nimmt die Besitzerin das Schnauzband immer mit zum Spaziergang. Wenn Chayenne bellt, hält sie ihm das Band hin, fragt ihn, ob er es tragen möchte, und behandelt ihn mit dem Ohren-TTouch. Manchmal schiebt er förmlich seine Nase in das Schnauzband, manchmal dreht er den Kopf aber auch weg. Das Bellen unterlässt er im Anschluss immer. Die Spaziergänge verlaufen nun sehr har-

monisch und Chayenne ist dabei ausgeglichen und entspannt. Manchmal ist die Lösung einfacher, als man zunächst denkt.

HÖREN SIE AUF IHR HERZ

Hier ein Beispiel, das mir Bauchschmerzen verursacht: In einem Film ging es um einen Golden Retriever, der entsetzliche Angst vor Autos und der Straße hatte. Man sah nun den Hundetrainer mit dem Besitzer und dem Hund zur Straße gehen; dann saß der Hund zitternd, bebend, hechelnd und starr vor Angst am Straßenrand. Der Besitzer hatte die Aufgabe, ihn zu ignorieren.

Fragen Sie sich selbst: „Geht das?" Könnten Sie Ihren vierbeinigen Freund ignorieren, wenn er so große Angst hätte? Niemand, der zu Mitgefühl in der Lage ist, kann seinen Hund in einer solchen Situation ignorieren. Wahrscheinlich zerriss es dem im Film gezeigten Besitzer das Herz. Diese innere Zerrissenheit lässt sich inzwischen sogar über die Herzkohärenz mithilfe von Pulssensoren messen und ist für den Hund wahrnehmbar. Oft sind Hund und Halter so verbunden, dass sie einander in den Untersuchungsergebnissen klar erkennbar spiegeln.

Wenn du weißt, was du tust, kannst du tun, was du willst. (Moshe Feldenkrais)

Folgen Sie bitte nicht blind den Anweisungen von anderen, sondern fragen Sie sich immer, ob das, was Ihnen geraten wird, für Sie nachvollziehbar und sinnvoll ist und ob es sich für Sie und Ihren Hund so gut anfühlt, dass Sie öfter so handeln werden.

Besitzer und Hund befinden sich in dem gerade beschriebenen Szenario nicht in Balance. Das Gehirn des Hundes ist im Flucht- und Angriffsmodus und kann nicht auf die Areale zugreifen, die für die Entspannung und auch für das Lernen notwendig sind. Das Nervensystem des Hundes hat auf den anregenden Nervenstrang, den Sympathikus, umgeschaltet.

Versetzen Sie sich in diese Situation und stellen Sie sich vor, es wäre Ihr Kind, das solche Angst hat wie der Hund in dem Beispiel. Sicher würden Sie es nicht ignorieren, sondern Sie würden ihm aufmunternd zusprechen, es liebevoll in den Arm nehmen und ihm so signalisieren, dass es nicht allein ist und es auf Ihre Unterstützung zählen kann. Das würde sein Vertrauensverhältnis zu Ihnen intensivieren und stärken. Genau dieses Gefühl müssen wir unserem Hund auch vermitteln. Wenn wir unseren Hund hingegen in einer solchen Lage ignorieren, bekommt sein Vertrauen zu uns einen großen Knacks!

Ein weiteres Beispiel aus dem Alltag, bei dem Ignorieren sicher nicht das Mittel der Wahl ist, sind Hundebegegnungen, etwa in Welpengruppen oder in der Hundeschule. Wenn Konflikte auftreten, ist dann häufig die lapidare Aussage zu hören: „Lass die mal in Ruhe, das machen die schon unter sich aus." Diesem Ratschlag zu folgen wäre höchst fahrlässig und unfair den Hunden gegenüber. Bei einem ausgeprägten Größenunterschied kann ein solcher Konflikt für den kleineren Hund schlimmstenfalls tödlich enden. Aber auch wenn die Hunde in etwa die gleiche Größe haben, ist es nicht gut, sie zanken zu lassen.

Solange Hundebegegnungen freundlich und friedlich ablaufen, ist alles in Ordnung. Wird es aber brenzlig, muss der Mensch eingreifen. (Foto: Archiv Freiling)

Je öfter dies geschieht, umso mehr wird das in dieser Situation gezeigte Verhalten zur Gewohnheit. Das ist für alle Beteiligten unangenehm: für den Hund, der immer streitlustiger wird, ebenso wie für den, der durch solche Zankereien Angst vor anderen Hunden bekommt. Die ausgeschütteten Stresshormone machen auf die Dauer gereizt und krank. Auch als Besitzer hat man große Mühe, weil man kaum noch stressfrei spazieren gehen kann.

Bitte hören Sie also auch in solchen Situationen auf Ihr Bauchgefühl. Lassen Sie es gar nicht so weit kommen, dass Ihr Hund angegriffen wird, beziehungsweise entfernen Sie ihn sofort aus dem Gefahrenbereich, wenn es zu einem Konflikt kommt. Gerade ein junger Welpe, der zum Beispiel von einem halbstarken Junghund gemobbt wird, kann lebenslängliche Probleme mitnehmen. Sind Sie hingegen der Besitzer des Hundes, der andere Hunde mobbt oder vielleicht auch Kindern in die Füße zwickt, ist es Ihre Aufgabe, ihn davon abzuhalten und ihm dabei zu helfen, ein angemessenes Verhalten zu erlernen.

Ignorieren ist für mich also nicht das Mittel der Wahl, sondern respektvolle Aufmerksamkeit. Sie sollten nicht verzweifeln, aber die

Dinge auch nicht einfach so hinnehmen. Hat Ihr Hund also beispielsweise generell Angst vor anderen Hunden, wäre es zwar verständlich, dass Sie versuchen, ihn gar nicht mehr mit Artgenossen zu konfrontieren, aber eine Lösung ist das nicht, denn seine Angst oder Unsicherheit wird bleiben. Sie sollten stattdessen überlegen, wie Sie diese Situation in für den Hund gut erlernbare kleine Schritte aufteilen können, sodass er sie schließlich gelassen und voller Vertrauen meistert.

Möchten Sie Begegnungen mit anderen Hunden trainieren, suchen Sie dafür zunächst Hunde aus, die selbst gelassen sind, und beobachten Sie Ihren eigenen Hund genau, um herauszufinden, bei welchem Abstand es ihm noch möglich ist, zuzuhören und aufmerksam zu sein. Bemerken Sie, dass sich sein Körper anspannt, die Stellung der Rute sich verändert, er das Fell sträubt, den Atem anhält, ständig schleckt, die Ohren anlegt, viel gähnt, den Kopf abwendet, sich hinsetzt oder hinlegt, dann sollten Sie in einem Bogen ein Stück zurückgehen, selbst tief durchatmen und ihn freundlich und motivierend ansprechen. Beim nächsten Versuch wählen Sie Ihre Ausgangsposition so, dass der Hund völlig entspannt sein kann und aufmerksam Ihren Anweisungen folgt. Nach und nach gehen Sie nun immer ein Stück näher an die Herausforderung heran.

Es ist ganz wichtig, dass Sie hierbei nichts über das Knie brechen, sondern wirklich schrittweise und achtsam vorgehen. Der Erfolg wird sich meist nicht abrupt innerhalb einer Übungseinheit einstellen, aber in vier bis sechs Einheiten können Sie und Ihr Hund deutliche Fortschritte machen. Die später im Buch vorgestellten Hilfsmittel und Übungen werden Ihnen dabei helfen, mit Freude und Motivation ans Ziel zu kommen.

Optimales Futter für mehr Gelassenheit

Du bist, was du isst! (Ludwig Feuerbach)

Da ist was dran, und es gilt für alle Lebewesen. Der bekannte Spruch „Den sticht doch der Hafer" kommt daher, dass ein Pferd, das zu wenig Bewegung und Auslastung hat und zu viel energiereichen Hafer futtert, schnell unruhig und unbändig wird. Kinder, die zu viel Zucker zu sich nehmen, reagieren ebenfalls oft mit unkontrollierbarer Unruhe. Und bei unseren Hunden ist das genauso. Auch für sie ist eine angepasste und ausgewogene Ernährung äußerst wichtig, nicht nur im Hinblick auf den Energiegehalt.

Generell lässt sich sagen, dass der Körper naturbelassene Nahrungsbestandteile besser verstoffwechseln kann als künstliche, raffinierte oder pasteurisierte. Das spricht für eine natürliche Fütterung unserer Hunde, die dank Swanie Simon, die das BARF-Konzept (Biologisch Artgerechtes Rohes Futter) bekannt gemacht hat, heute nicht mehr so unvorstellbar ist wie noch vor 25 Jahren, als ich begann, mich mit diesem Thema eingehend zu beschäftigen. Damals hatte ich gerade einen kranken Yorkshire-Terrier-Welpen, dem ich den Namen Schwips gab, aus den Händen eines skrupellosen Vermehrers gerettet.

Dort hatte er Feuchtfutter bekommen, was ich aus Unwissenheit zunächst beibehielt. Allerdings erbrach Schwips das Futter oft unverdaut. Mein Großvater, der Schäferhunde gezüchtet hatte, die gesund und munter teilweise bis zu 20 Jahre alt wurden, empfahl mir, dem Hund doch das zu füttern, was ich auch esse. Ich machte mir aber Sorgen, dass er dann nicht alle notwendigen Nährstoffe bekommen würde. In dieser Zeit fiel mir das Buch von Dr. Pitcairn *Dein Hund – gesund auf natürliche Weise* in die Hände. Eigentlich las ich es, um mich zu den Themen Homöopathie und Bachblüten weiterzubilden, doch der größte Teil des Buches befasst sich mit gesunder Ernährung. Dr. Pitcairn erklärt darin plausibel, warum frische, naturbelassene Fütterung auf jeden Fall besser ist als jedes Industriefutter. Ich war erschrocken zu lesen, dass Fertigfutter Bestandteile wie minderwertige Rohstoffe, Geschmacksverstärker, Hühnerfedern, Exkremente und so weiter enthält.

Nun war ich begeistert von dem Konzept der natürlichen Ernährung und bereitete gleich eine große Schüssel Futter für meinen 1,7 Kilogramm leichten Yorkshire

Selbst gemachtes, frisches Futter ist immer besser als Fertignahrung. (Foto: Archiv Freiling)

Terrier zu. Seither erbrach er nie wieder sein Futter. Sein Fell und seine Augen glänzten fortan mehr und mehr, er roch sehr angenehm, er war fröhlicher und viel ausgeglichener. Diese positive Veränderung hat mich restlos überzeugt.

Dein Essen soll deine Medizin sein.
(Hippokrates)

An der Justus Liebig Universität in Gießen besuchte ich während meines Biologiestudiums auch die Vorlesungen für Tiermediziner. Nach einer Vorlesung über Futter, in der bekannte Futtermittelfirmen vorgestellt wurden, sprach ich den Professor persönlich an und fragte ihn, was er denn seinem Hund, einem stattlichen Rottweiler, füttern würde. Er wurde ein bisschen rot, räusperte sich und sagte zunächst: „Das darf ich Ihnen jetzt gar nicht verraten." Ich bohrte ein bisschen nach und schließlich gab er zu: „Der bekommt das, was sein Herrchen auch isst, alles frisch und gesund, dann weiß ich auf jeden Fall, was drin ist." Das Gespräch ermutigte mich, mich noch intensiver mit naturbelassener Ernährung zu befassen.

WARUM FRISCH IMMER BESSER IST ALS VERARBEITET.

Der Organismus erkennt natürliche Nahrung und kann sie gut verstoffwechseln und verarbeiten, sodass sie ihm Kraft gibt und ihn gesund erhält. Behalten Sie das im Hinterkopf und führen Sie sich nun einmal vor Augen, wie Trockenfutter entsteht: Da werden Nahrungsbestandteile, die oft von minderer Qualität sind, gekocht, zermahlen, vermengt und dann noch gebacken. Zum Schluss werden die so entstandenen Kroketten mit einem Öl besprüht, das die passenden Lockstoffe enthält und das Futterbröckchen erst appetitlich macht.

Diese trockenen Brocken werden nun also vom Hund etwas eingespeichelt und geschluckt. Der Organismus hat aufgrund der fehlenden Feuchtigkeit und der zahlreichen künstlichen Zusatzstoffe allerdings viel Mühe, das Ganze zu verdauen. Das oft minderwertige Öl belastet Leber und Galle zusätzlich. Der Hund müsste fünfmal so viel trinken, wie er frisst, um den Flüssigkeitsmangel wieder auszugleichen. Da die zur Verdauung benötigte Flüssigkeit aus dem Organismus genommen wird, ist es verständlich, warum viele Hunde irgendwann mit Nieren- und/oder Blasenleiden reagieren. Oft wird das dann auf das Alter geschoben, aber meine mit Frischfutter ernährten Hunde hatten auch im hohen Alter, der älteste mit 21 Jahren, noch optimale Blutwerte und keine derartigen Störungen.

Natürlich gibt es auch Hunde, die diese Art Futter allem Anschein nach gut vertragen, aber gerade bei gestressten Hunden ist meine Empfehlung, diese auf eine frische und möglichst naturbelassene Nahrung umzustellen. Dadurch werden ihre Verdauungsorgane entlastet, insbesondere die Leber, die durch die Stressreaktion stark beansprucht wird. Mit natürlicher Fütterung können Sie Ihren Hund auf ganz einfache Art wunderbar unterstützen und außerdem der Entstehung von Krankheiten wie zum Beispiel Allergien vorbeugen.

Optimale Fütterung fördert unter anderem das entspannte Miteinander in einem Hunderudel. (Foto: Archiv Freiling)

Bedenken Sie, dass Allergien sich nicht nur durch Jucken der Haut äußern. Auch Verhaltensstörungen und extreme Unruhe können durch unverträgliche Komponenten im Futter ausgelöst werden.

Dr. Roger Mugford promovierte zum Thema Aggression und Futter. Er behandelte Golden Retriever, die aggressiv waren, indem er sie mit einer Kost aus drei Vierteln Vollkornreis und einem Viertel Lammfleisch fütterte. Nach vier Wochen waren die meisten Hunde wieder freundlich und ausgeglichen – nur durch die Futterumstellung.

Auch der Hundepsychologe Anders Hallgren beschreibt die Zusammenhänge zwischen Stress und Futter ausführlich in seinem empfehlenswerten Buch *Stress, Angst und Aggression bei Hunden*.

Auf Basis des Austauschs mit Tierärzten und Ernährungsexperten und unter ständiger Einbeziehung der neuesten Erkenntnisse habe ich folgende praktische Ernährungstipps für Hunde zusammengestellt, die ich Ihnen an die Hand geben möchte. Auch hier gilt: Beobachten Sie Ihren Hund und achten Sie darauf, was er verträgt. Reagiert er auf eines der empfohlenen Nahrungsmittel mit Unverträglichkeit, dann lassen Sie es selbstverständlich weg. Führen Sie am besten ein Tagebuch, in dem Sie notieren, welche Nahrungsmittel Ihr Hund nicht so gut verträgt und auf welche er positiv reagiert. Diese Art der Beobachtung erspart so manchen Allergietest. Vertrauen Sie sich und Ihrer Beobachtungsgabe, dann können Sie sich spätestens nach vier Wochen über Resultate wie glänzendes Fell, strahlende Augen, einen angenehmen Geruch, Ausgeglichenheit und mehr Lebensfreude freuen.

Um eines vorwegzunehmen: Entgegen der gängigen BARF-Regeln füttere ich von Beginn an Kohlenhydrate in Form von Kartoffeln, Reis und Haferflocken mit dem Ergebnis einer hohen Verträglichkeit und eines fast automatischen Zur-Ruhe-Kommens der Hunde. An der Universität Uppsala in Schweden wurde von Professor Erik Axelsson nachgewiesen, dass Hunde, im Gegensatz zum Wolf, sehr gut Kohlenhydrate verdauen können. Sie haben sich im Laufe der Evolution angepasst und ihre Verdauung darauf eingestellt.

„Lasst die Nahrung so natürlich wie möglich." (Dr. Kollath)

WAS, WIE OFT UND WIE VIEL FÜTTERN?

Eine naturbelassene Mahlzeit setzt sich zusammen aus:

- zwei Teilen Kohlenhydraten: zum Beispiel Reis, Kartoffeln, Haferflocken, Amaranth, Quinoa,
- zwei Teilen Gemüse und Obst: Karotten und Äpfel eignen sich gut und sind günstig,
- einem Teil Eiweiß: Fleisch, Quark, Ei, Hüttenkäse,
- hochwertigem Öl (zum Beispiel Leinöl oder Velcote der Firma Grau),
- Kräuterzusätzen (zum Beispiel Hokamix der Firma Grau oder Anticox-HD der Firma Anibio).

Mit ein bisschen Übung wird Ihnen die Zubereitung schnell und leicht gelingen. Ich persönlich liebe es, die Vorfreude in den Augen meiner Hunde zu sehen, während ich ihre leckeren Mahlzeiten vorbereite, und ich freue mich, wenn sie diese mit Genuss und gutem Appetit verputzen.

Um die richtige Futtermenge zu finden, beginnen Sie bei kleinen Hunden mit zwei Teelöffeln Kohlenhydraten, zwei Teelöffeln Gemüse und Obst und einem Teelöffel Eiweiß pro Mahlzeit und erhöhen die Menge langsam. Bei mittleren Hunden nehmen Sie Esslöffel als Maßeinheit und bei großen Hunden Kaffeetassen. Zwei Mahlzeiten pro Tag sind ideal. Anschließend sollte Ihr Hund mindestens 30 Minuten ruhen.

Um zu prüfen, ob Ihr Hund eine gesunde Figur hat, machen Sie den Rippentest. Sie sollten die Rippen bei leichtem Druck gut spüren. Ist der Hund zu knochig, erhöhen Sie die Futtermenge, wenn Sie hingegen erst etwas bohren müssen, um die Rippen zu ertasten, reduzieren Sie das Futter.

ANTI-STRESS-NAHRUNG

Nahrungsbestandteile, die sich bei gestressten Hunden sehr bewährt haben, sind Banane, Putenfleisch, Haferflocken, Bio-Sojapro-

Der Grüne Smoothie „Relax" schmeckt Mensch und Hund. (Foto: Archiv Freiling)

dukte, Spinat, Lecithin und Bierhefeflocken. Die meisten dieser Bestandteile enthalten Tryptophan, das eine Vorstufe des Wohlfühlhormons Serotonin ist.

Im Folgenden finden Sie einige einfach zuzubereitende Einsteigerrezepte.

Grüner Smoothie „Relax"

Hunde lieben flüssige Nahrung. Bereiten Sie Ihrem Hund also von Zeit zu Zeit einen Smoothie zu. Der Vorteil hierbei ist, dass der Hund die enthaltenen Nährstoffe sehr gut und schnell aufnehmen kann und durch das Schlecken beim Trinken ein hoher Beruhigungseffekt erzielt wird. Sie können diesen leckeren Smoothie sogar gemeinsam mit Ihrem Hund genießen. Er ist gesund und tut auch Ihren Nerven und Ihrer Gesundheit gut. Kleine Hunde bekommen einen bis zwei Esslöffel und mittelgroße Hunde etwa eine Tasse voll, der Rest ist für Sie. Einem sehr großen Hund von 50 bis 70 Kilogramm können Sie auch die gesamte Menge geben.

- 2 Tassen Apfeldirektsaft
- 1 Banane
- 2 Esslöffel Lecithingranulat
- 2 Esslöffel Kokosöl
- 1 Handvoll frischer Babyspinat oder Tiefkühl-Blattspinat
- 1 Esslöffel Chlorella-Algen
- 1 Esslöffel Spirulina-Algen

Dieser Smoothie ist das ideale Frühstück. Apfelsaft wirkt sich sehr günstig auf die Leber und Gallengänge aus und die Banane enthält ein großes Spektrum an Mineralstoffen und Tryptophan. Das Gleiche gilt für Lecithin, das außerdem ein Baustein der Myelinscheidezellen ist, die die Nerven ummanteln. Lecithin hilft also, die sprichwörtlichen „Nerven wie Drahtseile" zu bekommen. Kokosöl wirkt reinigend und beruhigend auf das Verdauungssystem und es hat sich sogar als gute Prophylaxe gegen Würmer bewährt. Spinat enthält Tryptophan und hat einen hohen Gehalt an Chlorophyll, das ein wahrer Jungbrunnen für den Körper ist. Die Algen Chlorella und Spirulina entgiften und reinigen den Organismus.

Smoothie „Energy"

Dieser Smoothie kann sehr gut vor sportlichen Einsätzen getrunken werden. Er liefert schnell und nachhaltig Energie, ohne zu belasten.

- 1 rohes Ei
- Saft von einer Zitrone
- 1 Banane
- 1 Esslöffel kalt geschleuderter Honig
- 1 Esslöffel Leinöl
- 1 Esslöffel Chiasamen (optional)

Ei enthält viel Lecithin, Honig ist gut für das Immunsystem und füllt die Energiespeicher auf, Leinöl und Chiasamen enthalten Omega-3- und Omega-6-Fettsäuren im idealen Verhältnis. Chiasamen wirken sich außerdem günstig auf den Blutzuckerspiegel und damit auf das Wohlbefinden aus. Die Banane versorgt den Körper wie bereits erwähnt mit verschiedenen Mineralstoffen und Tryptophan und die Zitrone liefert Vitamin C. Dieses synthetisieren Hunde zwar selbst, in Stresssituationen ist es aber sinnvoll, dieses Vitamin zusätzlich über die Nahrung zuzuführen.

Hundeknusperfrühstück

- 1 kg feine Haferflocken
- 750 g Magerquark
- 100 g ganzer goldener Leinsamen
- 2 Dosen Thunfisch
- 2 Esslöffel Öl
- 1 Handvoll Kräuter der Saison (Petersilie, Löwenzahn, Giersch, Basilikum ...)
- Wasser nach Bedarf, der Teig sollte sich gut kneten lassen

Alles zusammenmischen, zu Kugeln formen (je nach Größe des Hundes golfball- bis tennisballgroß) und diese gut zusammendrücken. Die Kugeln im Backofen bei 150 Grad circa zwei Stunden lang trocknen lassen, bis sie schön hart sind, und am besten auch im Ofen bei leicht geöffneter Ofentür abkühlen lassen.

Werden sie in einem Stoffbeutel trocken aufbewahrt, halten sich die Kugeln einen Monat lang, sofern sie nicht vorher genüsslich verputzt werden.

Die enthaltenen Haferflocken sorgen laut der Traditionellen Chinesischen Medizin für eine gesunde Mitte, also für Ausgeglichenheit und Ruhe. Das kann ich aufgrund meiner Erfahrungen nur bestätigen.

Fallbeispiel: Knusperkugeln gegen Heißhunger

Joy, der Labrador einer Kundin, fraß jeden Unrat von der Straße. Wie besessen schlang er alles Genießbare und oft leider auch Ungenießbare in sich hinein. Ich empfahl ihr, den Hund zweimal am Tag zu füttern, und gab ihr das Hundeknusperfrühstück-Rezept. Joy bekam zum Frühstück drei tennisballgroße Kugeln. Wir waren von dem Ergebnis verblüfft und restlos begeistert. Er war schon bald viel ausgeglichener und ruhiger. Seine Gier nach Futter war verschwunden und einem normalen, gesunden Appetit gewichen. Dies machte mich sehr nachdenklich, da ich von vielen Retrievern und auch anderen Rassen eine derart ungesunde Fresslust kenne, die nach dieser Erfahrung vermutlich nicht nur mit der Rasse, sondern tatsächlich auch mit echtem Hunger zusammenhängt. Wichtig ist also, dass der Hund

Die Knusperkugeln sind eine leckere Mahlzeit, die zu mehr Ausgeglichenheit beiträgt. (Foto: Archiv Freiling)

hochwertige Nährstoffe über den Tag verteilt bekommt und dabei trotzdem seine gute Figur behält. Das Hundeknusperfrühstück hat sich zu diesem Zweck sehr bewährt.

Grundrezept für die Hauptmahlzeit

Weichen Sie 200 Gramm Haferflocken in einer Tasse mit warmem Wasser ein. Pürieren Sie 100 Gramm Möhren und 100 Gramm Spinat zusammen im Mixer und rühren Sie dies unter die eingeweichten Haferflocken. Geben Sie nun 100 Gramm rohes Truthahnfleisch dazu sowie einen Teelöffel Velcote Öl und zwei Messlöffel Hokamix (beides von der Firma Grau). Fertig ist die köstliche Mahlzeit für einen circa 25 Kilogramm schweren Hund. Ich wünsche Ihrem Vierbeiner guten Appetit.

LeberLauneLeckerli: kinderleicht und sehr beliebt

Die Anregung zu diesem Rezept habe ich von meiner lieben Tellington TTouch-Kollegin Katja Krauß. Es hat sich unzählige Male bewährt und ist das Lieblingsrezept meiner kleinen Kunden im Kind-und-Hund-Kurs.

- 400 Gramm Geflügelleberwurst
- 400 Gramm Dinkelvollkornmehl (oder Buchweizenmehl)
- 1 Banane
- 2 Eier

Alle Zutaten zusammenmischen, gut durchkneten, in eine Kastenform geben und bei 180 Grad 45 Minuten lang backen. Anschließend die abgekühlte, brotlaibförmige Masse zuerst in Scheiben und dann in erbsengroße Würfelchen schneiden. In dieser Form eigenen sich die LeberLauneLeckerli wunderbar für das Clickertraining, weil sie noch weich und ganz leicht zu schlucken sind. Da sie noch einen hohen Feuchtigkeitsgehalt haben, sollte man sie im Kühlschrank aufbewahren und innerhalb von drei Tagen aufbrauchen. Alternativ lässt sich der Teil, den man für später aufheben will, problemlos einfrieren. Man kann die schmackhaften Würfel auch für weitere 30 Minuten backen, bis sie trocken sind. Trocken gelagert, am besten in einem Baumwoll- oder Leinensäckchen, sind sie dann lange Zeit haltbar.

Weiche LeberLauneLeckerli eignen sich prima zum Clickern. (Foto: Archiv Freiling)

URSACHEN UND ANZEICHEN FÜR STRESS BESSER VERSTEHEN

Das Gegenteil von Gelassenheit ist Stress.

Meist wird Stress lediglich mit negativen Gefühlen assoziiert, dabei gibt es zwei unterschiedliche Formen von Stress: Disstress, also der gerade genannte Stress mit negativen Auswirkungen, und Eustress, der dann auftritt, wenn wir begeistert und voller Freude an einer Sache arbeiten.

Beobachten Sie einmal einen Hund, der voller Eifer im Garten buddelt und im wahrsten Sinne des Wortes völlig vertieft ist in seine Aktivität. Schauen Sie sich auch Hunde im Jagdfieber an oder Hunde beim intensiven Rennspiel. An dem Leuchten in ihren Augen kann man erkennen, dass sie mit absoluter Passion und auch mit ein bisschen Stress bei der Sache sind. Sie fühlen sich aber sichtlich wohl. Eine gewisse Portion Stress ist also durchaus vertretbar und sogar gut, wenn es sich, wie in diesen Fällen, um Eustress handelt. Hunde lieben es eben, manchmal „die Sau rauszulassen“. Das Beste, was Sie dann tun können, ist mitmachen. Überlegen Sie, wie Sie aus dem, was der Hund so gern tut, ein gemeinsames Spiel entwickeln können. Halten Sie aber das goldene Mittelmaß ein und achten Sie darauf, keine reinen Hetzspiele wie Bällchenholen zu fördern. Dies hätte eine zu hohe Ausschüttung von Stresshormonen zur Folge.

Disstress tritt immer dann auf, wenn eine Situation zu anstrengend wird und den Hund überfordert. Sie können es Ihrem Hund ansehen, wenn er nicht mehr begeistert ist. Er wirkt eher genervt, spielt rauer und ruppiger oder verhält sich im schlimmsten Fall ängstlich bis panisch, manchmal auch aggressiv.

Gründe für Disstress können sein:

- schlecht verdauliches, zu energiereiches, zu viel oder zu wenig Futter, Nährstoffmangel
- Über- oder Unterstimulation
- Langeweile
- Überforderung
- keine Grenzen oder Regeln
- Schmerzen und Verletzungen
- hormonelles Ungleichgewicht

Die Auswirkungen von Stress auf den Organismus

Um den Hund besser verstehen und ihm bei stressigen Erlebnissen helfen zu können, ist es wichtig, sich vor Augen zu führen, was genau in solchen Situationen im Körper passiert. Ein Zuviel an negativem Stress versetzt Hunde in den Alarmzustand. Die Körperfrequenzen sind auf Hochtouren, das Herz pocht viel zu schnell, der Blutdruck steigt, die Gehirnwellen pulsieren im sogenannten BETA-Frequenzbereich, die Leber schüttet Glukose in den Blutkreislauf aus, die Muskeln und die lebenswichtigen Organe werden kräftig durchblutet, während das Blut aus der Peripherie abgezogen wird. Das Gehirn reagiert so, als sei nun eine lebensbedrohliche Situation eingetreten, und der Körper bereitet sich auf Flucht oder Angriff vor. Das limbische System übernimmt jetzt das Kommando; das Großhirn ist diesem unterstellt. Von nun an läuft alles nur noch über Reflexe. Das Denken wird eingestellt, um das Überleben zu sichern. In wirklich lebensbedrohlichen Situationen ist das auch sehr sinnvoll und sichert die Selbsterhaltung. Das Denken könnte im Ernstfall das Handeln zu lange hinauszögern. Wir müssen uns also generell im Klaren darüber sein, dass Hunde in Stresssituationen nicht denken können.

Wenn Ihr Hund ein stressiges Erlebnis hat, werden außerdem die Stresshormone Adrenalin, Noradrenalin und Cortisol ausgeschüttet und gewinnen im Körper die Oberhand. Es dauert circa zwei bis sechs Stunden, bis das Cortisol seinen Höchststand erreicht hat, und circa zwei bis sechs Tage, bis es wieder abgebaut ist. In dieser Zeit sollten Sie Ihren Hund mit Samthandschuhen anfassen und mit besonderer Vorsicht und noch mehr Respekt behandeln.

Ein einziges stressiges Ereignis ist nicht weiter tragisch, doch wenn sich Stresserlebnisse häufen, etwa wenn Ihr Hund bei jedem Spaziergang seinem Erzfeind begegnet, auf den er entweder mit Flucht- oder Angriffsversuchen reagiert, kommt es durch die häufige Stresshormonausschüttung zu einem gestörten hormonellen Gleichgewicht. Bei täglich oder sogar noch häufiger wiederkehrenden Stresssituationen, etwa dauerhafter Angst, hat der Körper keine Chance mehr, sich zu regenerieren. Die Energiespeicher leeren sich und es entsteht eine ungesunde Dysbalance. Dauerhafter Stress kann zudem körperliche Folgen haben. Verdauungsprobleme, erhöhte Wasseraufnahme und entsprechend häufiges Urinieren, Dauerhunger, exzessives Schlecken, Muskelverspannungen und auch Verletzungen durch plötzliche, hektische Bewegungen können durch Stress verursacht werden.

Für unter anhaltendem Stress stehende Hunde ist es ganz wichtig, dass man ihnen durch hochwertiges, naturbelassenes Futter (siehe Abschnitt „Optimales Futter für mehr Gelassenheit") Erleichterung verschafft und ihnen durch die Anwendung der im folgenden Kapitel beschriebenen Techniken hilft, ihr inneres Gleichgewicht wiederzufinden.

Fallbeispiel: Stress an Silvester

Kurz nach dem Jahreswechsel hatte ich Kunden, deren geliebte Hündin Susi an Silvester gegen 17.00 Uhr entlaufen war. Sie war auf dem Spaziergang nicht angeleint, weil ihr Besitzer dachte, dass ihr freie Bewegung guttäte. Bisher war Susi, wenn sie sich erschreckt hatte, kurze Zeit schneller gelaufen, dann aber stehen geblieben und hatte auf ihren Besitzer gewartet. Nun aber war Susi panisch davongerannt und hatte auch auf das laute Rufen ihres Besitzers nicht reagiert. Glücklicherweise konnte sie schnell gefunden und schon am Neujahrstag gegen 14.00 Uhr wieder in die Arme genommen werden.

Was war passiert? Durch die häufigen Stresssituationen, in die Susi durch die Knallerei an den Tagen vor Silvester gebracht worden war, hatten sich Stresshormone in ihrem Körper angehäuft. Am Silvestertag war der Stresshormonpegel so stark angestiegen, dass Susi in Panik geriet. Das limbische System gab ihr den Befehl: „Lauf um dein Leben!"

Seit sie wieder zu Hause war, wirkte Susi verstört. Sie freute sich kaum, wimmerte im Schlaf, erbrach sich oft und wirkte depressiv. Ich habe für Susi eine gezielt auf sie abgestimmte Bachblüten-Mischung, homöopathische Mittel, Aromaöle und Kräuter zusammengestellt sowie das Tragen eines Thundershirt® (siehe Abschnitt „Tellington-TTouch®-Trainingsequipment") empfohlen und die Besitzer die passenden TTouches für Susi gelehrt. Außerdem wurde ihr Futter umgestellt. Susi entspannte sich schon während meiner Behandlung und nahm die angebotenen Leckerli mit Appetit. Susi und ihre Besitzer verließen deutlich fröhlicher meine Praxis. Inzwischen ist sie wieder ganz die Alte.

An dieser Stelle möchte ich Ihnen schon einmal eine schnelle Hilfe vorstellen, um das Denken wieder zu aktivieren und Stress zu reduzieren: die Kopfbandage. Sie können die Wirkung selbst spüren. Legen Sie dazu eine Hand an die Stirn und die andere an den Hinterkopf, direkt über den Nacken. Atmen sie tief und schließen Sie die Augen. Spüren Sie die Ruhe und die Wärme, die Sie durchströmt. Dasselbe fühlt der Hund, wenn Sie mit der Kopfbandage arbeiten. Ich erlebe immer wieder, dass sich Hunde, die vorher unruhig und rastlos waren, durch die Kopfbandage erstaunlich schnell entspannen und gelassener reagieren können.

Fallbeispiel: Endlich Entspannung für Nick

Die Kopfbandage war auch die passende Hilfe für Nick, einen kleinen Yorkshire Terrier mit grausamer Vorgeschichte – er wurde fünf Jahre lang sexuell missbraucht. Nick hatte eine Darm- und Afterentzündung und sein Penis war dauerhaft

Die Kopfbandage beruhigt gestresste Hunde und aktiviert den präfrontalen Cortex im Gehirn, der für angepasstes Verhalten zuständig ist. (Foto: Archiv Freiling)

ausgefahren und ebenfalls entzündet. Er schrie und bellte rund um die Uhr.

Ich behandelte ihn mit allen mir zur Verfügung stehenden Mitteln. Immer wieder bekam er TTouches und ich trug ihn fast ständig bei mir und überlegte, was ihm noch helfen könnte. Am vierten Tag kam eine Freundin von mir auf die Idee, ihm eine Kopfbandage anzulegen, und kurz darauf schlief er tief und fest ein, ohne zu wimmern. Von da an ging es rasant bergauf und nach den nötigen Operationen und seiner Kastration wurde Nick ein munterer und lustiger kleiner Hund, der ein tolles Zuhause fand und seine Besitzer glücklich machte.

Kastration und hormoneller Stress

Mir ist bewusst, dass das Thema Kastration sehr kontrovers diskutiert wird. Dennoch möchte ich mich hier an das heiße Eisen heranwagen und von meinen Erfahrungen und den Erkenntnissen berichten, die ich zu diesem Thema im Austausch mit Hundetrainerkollegen, Tierärzten, Biologen und anderen Fachleuten gewonnen habe.

Ich selbst stand vor 25 Jahren vor der Frage, ob es denn artgerecht sei, meinen Rüden kastrieren zu lassen. Er war hypersexuell, hob sein Bein an jeder Ecke und war sehr leicht reizbar. Obwohl er wirklich gehorsam und auch gut erzogen war, konnte er in einigen Situationen einfach nicht reagieren. Waren die Nachbarshündinnen läufig, litt er wahre Höllenqualen. Er heulte und sabberte dann und erbrach tagelang Galle. Draußen war er kopflos und nicht ansprechbar.

Es war wieder das bereits im Abschnitt zum Thema Fütterung erwähnte Buch des holistischen Tierarztes Dr. Pitcairn, das mich zu der Überlegung brachte, meinen Rüden kastrieren zu lassen. Ich ging zum Tierarzt meines Vertrauens und fragte ihn mit hochrotem Kopf, was er davon halten würde. Er begrüßte meinen Entschluss und meinte, der einzige Nachteil wäre, dass Schwips nun noch anhänglicher werden würde. Damit konnte ich leben, ich wollte nur, dass er nicht mehr so viel Stress und Qualen erleiden musste. Als ich meine Zweifel äußerte, dass es doch nicht natürlich sei, gesunde Organe zu entnehmen, erklärte mein Tierarzt, dass die Hunde ja auch nicht mehr wie in der Natur leben würden. Das stimmt, musste ich zugeben, immer ist irgendwo eine Hündin läufig, die Hunde können sich nicht nach Lust und Laune fortpflanzen. Sie leben bei uns Menschen nicht in Hunderudeln, deshalb hinkt der Vergleich mit der Natur.

Mein Rüde wurde also kastriert. Es war wie eine Befreiung. Mein Schatz konnte anschließend wieder klar denken, er konnte sich ausruhen und entspannen, er konnte auch außerhalb des Hauses zuhören und folgen und er kam wirklich zur Ruhe. Sein Fell blieb wunderschön, seine Figur war zeit seines 15 Jahre währenden Lebens super, er hatte ein vorbildliches Sozialverhalten und wurde von anderen Hunden weder gemobbt noch bedrängt. Ich war sehr froh, diese Entscheidung für meinen Hund getroffen zu haben, wobei ich betonen möchte, dass es mir nicht um meine Bequemlichkeit ging, sondern einzig und allein darum, sein Leben angenehmer zu machen.

In meiner Zeit im Animal Behaviour Center in England sprach ich mit Dr. Roger Mugford ebenfalls oft über das Thema Kastration und er bestätigte mir, dass auch er diesen Eingriff für eine gute Idee hält, da er den Hunden sehr viel Stress nimmt. Er selbst hatte bereits zahlreiche Hunde behandelt, denen er ohne Kastration das Leben nicht hätte retten können.

Natürlich sollte Ihnen bewusst sein, dass die Kastration nicht die alleinige Lösung ist, um Ihrem Tier zu helfen, sich zu entspannen, aber sie nimmt nach meiner Erfahrung dem Stressproblem sehr häufig die Spitze, sodass der Hund wieder durchatmen kann und empfänglich für das nötige Training ist.

Hunderten von Hunden hätte ich ohne eine Kastration nicht helfen können, sie hätten eingeschläfert werden müssen, weil sie nicht mehr zu kontrollieren waren. Niemals kam es bei diesen Hunden zu einer der so oft beschriebenen Nebenwirkungen wie Fettleibigkeit, Unsicherheit, gemobbt werden durch andere Hunde, Fell- oder Hautprobleme und so weiter. Alle blieben rank und schlank, sie hatten ein schönes Fell und konnten sich unter Hunden sehr gut, aber friedlich behaupten. Alle habe ein hohes Lebensalter erreicht.

Die Kastration zeigte bei ihnen folgende Vorteile:

- Zwanghaftes Markierverhalten ging deutlich zurück.
- Das Aufreiten auf Gegenstände, Decken, Beine und Arme der Besitzer und auf andere Tiere verschwand.
- Bestehende Vorhautentzündungen heilten aus.
- Das Angreifen von anderen Hunden oder Menschen ließ nach oder verschwand.
- Bei den Hündinnen gingen Scheinträchtigkeit, Zickigkeit und Unruhe deutlich zurück.

Eine Kastration kann dem Hund entspannteres Verhalten ermöglichen. (Foto: Archiv Freiling)

- Die Hunde wurden insgesamt viel gelassener und toleranter. Sie kamen zur Ruhe, bekamen schöneres Fell, klarere Augen und wirkten ausgeglichener und glücklicher.
- Die Hunde wurden trainierbar und schließlich vermittelbar.

Diese Auflistung beruht auf meinen eigenen Erfahrungen und solchen, von denen mir Trainerkollegen und Tierärzte berichtet haben. Sie betreffen sehr gestresste Hunde.

Es ist mir in diesem Buch wichtig, ehrlich zu sein und Ihnen alle mir bekannten Maßnahmen für ein entspanntes Miteinander aufzuzeigen. Dennoch ist eine Kastration ein medizinischer Eingriff, der mit gewissen Risiken verbunden ist, selbstverständlich gut überlegt sein muss und nur zum Wohle des Tieres vorgenommen werden darf. Bitte fragen Sie den Tierarzt Ihres Vertrauens und hören Sie auf Ihr Bauchgefühl.

Fallbeispiel: Eine Chance für Jule

Eine wunderschöne Colliehündin namens Jule kam zu mir. Die Besitzer hatten keine Zeit mehr für sie, und da sie Verhaltensauffälligkeiten zeigte, die es unmöglich machten, ein neues Zuhause für sie zu finden, hatten sie schon darüber nachgedacht, den Hund einschläfern zu lassen. Jule schnappte massiv nach fremden Menschen und griff auch andere Hunde an.

Während mir die Besitzer Jules Geschichte erzählten, war ich ihnen zugewandt und machte mir Notizen. Jule lief frei im Behandlungsraum umher. Plötzlich nahm sie Anlauf, sprang auf mich zu, fletschte die Zähne, knurrte und schnappte in Richtung meines Armes. Dieses Verhalten war äußerst ungewöhnlich, da ich sie weder angesehen noch angesprochen und zudem sehr ruhig dagesessen hatte. Mein Eindruck war, dass Jule Schmerzen hatte und meinte, sich durch ihr Verhalten schützen zu müssen. Der Besitzer legte ihr einen Maulkorb an und sie blieb bei mir zur Vermittlung.

Ich ließ Jule zunächst im Behandlungsraum, und jedes Mal, wenn ich ihn betrat, fletschte sie die Zähne, knurrte und sprang drohend auf mich zu. Ich stellte mir vor, wie sie wohl als Welpe ausgesehen hatte. Dieses Bild half mir, sie in ihrer Vollkommenheit zu sehen. Kein Tier kommt aggressiv zur Welt, irgendetwas löst dieses Verhalten aus und ein wichtiger Teil der wirksamen Behandlung mit Tellington TTouch® ist es, den guten Kern in einem Tier zu sehen, das, was vollkommen ist, und sich darauf zu konzentrieren.

Ich beschäftigte mich im Raum, machte einige Herz-TTouches bei mir selbst und sprach sanft und ruhig mit Jule. Am Ende des Tages hatten wir beide so viel Vertrauen zueinander, dass ich sie ohne Stress zum Lösen in den Garten bringen konnte.

Am nächsten Tag ging ich häufig für kurze Zeit zu ihr und machte weiter Herz-TTouches bei mir selbst. Mittags konnte ich Jule nach sanften Schimpansen-TTouches an ihrem Kopf den Maulkorb abnehmen. Von Stunde zu Stunde erlaubte sie mir mehr TTouches.

Am dritten Tag konnte ich sie überall berühren und sogar kämmen; sie genoss die Zuwendung sichtlich. Die Arbeit im Labyrinth machte ihr sehr viel Spaß und sie gab sich große Mühe, konzentriert mitzumachen. Ihre Skepsis Fremden gegenüber legte sich noch nicht ganz, wurde aber deutlich besser.

Bei ihrer Kastration wurde meine Befürchtung bestätigt. Jule muss jahrelang starke Schmerzen gehabt haben, ausgelöst durch viele, riesige Zysten an ihren Eierstöcken. Die Augendiagnose zeigte einen beginnenden grünen Star. Die Kastration und das Entfernen der Zysten nahmen Jule den Dauerschmerz, und so konnte sie sich trotz der Sehbehinderung in kurzer Zeit sehr gut entwickeln. Bald spielte sie freudig mit anderen Hunden und wurde auch fremden Menschen gegenüber immer aufgeschlossener. Sie fand ein schönes Zuhause, das sie sich brav mit einem tollen Collierüden teilte.

Jule ist eine gute Lehrerin in Sachen Respekt. Manchmal sind Besitzer überfordert mit dem Verhalten ihres Tieres, das Problem wird jedoch auf dessen Charakter geschoben und es droht das Einschläfern. Meine Erfahrung ist es jedoch, dass oft gesundheitliche Probleme, hormonelle Einflüsse oder Schmerzen hinter schwierigem Verhalten stecken. Wenn man sich den Tieren mit Verständnis und Respekt nähert und gegebenenfalls Schmerzen durch den Tierarzt lindern lässt, kann man viele Probleme lösen und die Harmonie im Zusammenleben wiederherstellen.

Wenn ich eine Kastration empfehle, werde ich oft gefragt, ob es nicht sinnvoll wäre, einen Kastrationschip zu setzen. Aufgrund vieler Gespräche mit Tierärzten weiß ich, dass die Auswirkungen dieser Hormonchips noch nicht ausreichend getestet wurden. Oft sind die Chips unwirksam, und zudem haben die künstlichen Hormone einen noch nicht berechenbaren Einfluss auf den Organismus. Meist wirken sie auch nicht so zuverlässig und überzeugend wie eine Kastration.

Allein aus Tierschutzgründen sind meine Hunde ausnahmslos kastriert, Hündinnen wie Rüden. Alle sind kleine Notfälle, die teilweise gesundheitliche Einschränkungen hatten. Züchten kommt für mich aufgrund der übervollen Tierheime nicht infrage, wobei die Arbeit eines guten Züchters auf jeden Fall befürworte. Eines Züchters, dem die Aufzucht fitter, wesensstarker, gelassener Hunde am Herzen liegt, der wirklich achtsam vorgeht und der eine gesunde, glückliche Hundepopulation fördert.

Bitte kaufen Sie niemals einen Hund bei einem verantwortungslosen Vermehrer. Damit tragen Sie zum Leid und Elend der armen Hunde bei, die unter schlimmsten Bedingungen im Akkord Welpen produzieren müssen, die häufig krank und schlecht auf das Leben vorbereitet sind. Schauen Sie lieber im Tierschutz nach dem passenden Gefährten oder investieren Sie in einen gesunden, bestens geprägten Hund von einem guten Züchter.

Die Wurzel der Aggression ist Angst

„Die Wurzel der Aggression ist Angst und sie ist ein Schrei nach Hilfe."
(Linda Tellington-Jones)

Dieser Satz kann Ihr Leben verändern. Er ist allgemeingültig für Mensch und Tier. Mir hat er geholfen, ein neues Weltbild aufzubauen. Wenn man weiß, dass Aggression in Wirklichkeit Angst ist, geht man anders mit aggressiven Lebewesen um. Alle aggressiven Hunde, die zu mir in die Therapie kommen, behandle ich genauso wie ängstliche Hunde, und das mit sehr großem Erfolg.

Angst, Aggression und auch andere Emotionen werden von einem zentralen Hirnteil gesteuert, dem limbischen System. Wie bereits erwähnt, ist der Organismus so angelegt, dass in Stress- und Notsituationen das Gehirn auf dieses limbische System geschaltet ist. Das Großhirn wird quasi abgeschaltet, denn logisches und analytisches Denken ist in Notsituationen hinderlich bis tödlich. Stellen Sie sich vor, Sie fahren sehr schnell auf der linken Spur der Autobahn. Plötzlich schert vor Ihnen ein Fahrzeug aus, ohne zu blinken. Wahrscheinlich halten sie die Luft an und umgreifen das Lenkrad fester, während sie zeitgleich bremsen. Sie denken in dieser Situation nicht nach, sie reagieren und handeln intuitiv. Genau das rettet Ihr Leben. Würden Sie erst nachdenken: „Oh, warum blinkt der denn nicht? Na, nun sollte ich wohl besser mal bremsen ...", und dann erst handeln, wäre es sicher schon zu spät. Es ist folglich gut, dass unser limbisches System in lebensgefährlichen Situationen die Führung übernimmt.

Auch bei den Hunden ist das so und ich möchte noch einmal darauf hinweisen, dass ein Hund, der sich im Flucht- oder Angriffsmodus befindet, nicht mehr klar denken kann. Er kann unsere Sicht- und Wortsignale nicht wahrnehmen und folglich auch nicht entsprechend reagieren. Da das Nervensystem nun durch den anregenden Sympathikus gespeist wird, wobei der Parasympathikus, der für die Verdauung und Entspannung verantwortlich ist, unterdrückt wird, ist es nicht verwunderlich, wenn Hunde in solchen Situ-

Bobby galt als aggressiv, doch bei der Behandlung zeigte sich, dass er im Grund Angst hatte und mehr Sicherheit brauchte. (Foto: Archiv Freiling)

ationen kein Leckerli mehr annehmen. Sie könnten jetzt mit dem leckersten Braten vor der Nase Ihres Hundes herumwedeln, er kann rein physiologisch nicht mehr darauf reagieren. Dennoch ist es stets eine gute Idee, immer wieder sehr gut duftende Leckerli anzubieten. Der Duft kann den Parasympathikus wieder aktivieren, was die Situation insgesamt verbessern kann, auch dann, wenn der Hund den Leckerbissen in dem Moment nicht annimmt.

Dauerhafte Angst stellt eine enorme emotionale Belastung dar, die das Wohlbefinden eines Hundes stark beeinträchtigt und seiner Gesundheit schadet. Ein ängstlicher Hund ist an seiner Körperhaltung leicht zu erkennen: Er klemmt die Rute zwischen die Beine, wölbt den Rücken auf, legt die Ohren nach hinten, zieht die Lefzen zurück und zittert. Wie es ihm dabei geht, können Sie selbst nachempfinden. Ich möchte Sie daher nun einladen, die folgende Übung zu machen, sich in Ihren Hund hineinzuversetzen und genau hinzufühlen. Anschließend wird Ihnen sicher auch völlig klar sein, warum aus Angst Aggression entsteht.

Ahmen Sie die Körperhaltung eines ängstlichen Hundes aktiv nach. Kneifen Sie Ihre Pobacken fest zusammen, rollen Sie Ihre Schultern nach vorn-unten und spannen Sie sie an. Wie fühlen Sie sich jetzt? Was passiert mit Ihrer Atmung, wenn Sie diese Haltung einnehmen? Wie schwer fällt es Ihnen, Ihren Kopf zu drehen? Wie stark ist Ihr Blickfeld eingeschränkt? Wie steht es um Ihr allgemeines Wohlbefinden? Stellen Sie sich nun zusätzlich vor, Sie würden in dieser Position bedrängt. Was würde das in Ihnen auslösen und wie würden Sie wahrscheinlich darauf reagieren?

Vermutlich geht es Ihnen so wie den anderen Menschen, mit denen ich diese Übung schon gemacht habe. Die Atmung ist behindert, die Muskulatur ist stark angespannt, das Blickfeld ist erheblich eingeschränkt, die Stimmung ist eher depressiv, und mögliche Reaktionen auf ein Bedrängen wären Rückzug oder Verteidigung, also Aggression.

Richten Sie sich nun wieder auf, lockern Sie Ihre Schultern und Ihre Pobacken und holen Sie tief Luft.

Drehen Sie Ihren Kopf und erfreuen Sie sich an dem weiten Blickfeld. Genießen Sie, wie Ihr Atem ungehindert bis in den Bauch strömen kann und wie Sie ganz automatisch wieder positiver und offener gestimmt sind. Stellen Sie sich noch einmal vor, dass Sie bedrängt werden. Wie fühlt sich das jetzt an und wie würden Sie darauf reagieren?

Nun haben Sie es am eigenen Leib gespürt: Unsere Emotionen sind an unsere Körperhaltung gekoppelt. Es ist also sehr sinnvoll, an einer entspannten Körperhaltung zu arbeiten, denn sie ermöglicht souveränes und gelassenes Verhalten, wohingegen eine angespannte Körperhaltung eingrenzt und oftmals zu defensivem oder auch aggressivem Verhalten führt.

Sie können jetzt bestimmt auch gut nachvollziehen, dass ein Hund, der in ständiger Angst lebt und daher permanent angespannt ist, auf die Dauer Rücken- und Verdauungsprobleme bekommen kann. Genau diese Symptome findet man sehr häufig bei ängstlichen Hunden.

Mit den im folgenden Kapitel vorgestellten Techniken wird es Ihnen gelingen, die körperliche Entspannung Ihres Hundes zu verbessern. Genießen Sie die Übungseinheiten mit Ihrem Hund und feiern Sie jeden kleinen Erfolg. Sie werden erleben, dass Sie und Ihr Hund nach nur drei Wochen regelmäßigen Übens auf dem Weg zum Superteam einen großen Schritt weiterkommen.

Wenn es uns gelingt, die Körperhaltung in Balance zu bringen, dann kommen auch die Emotionen in Balance.

Calming Signals

Bevor ich die Entspannungstechniken genauer vorstelle, ist es mir ein Anliegen, die Beruhigungssignale der Hunde zu erläutern. Wenn wir in ein fremdes Land fahren, sollten wir uns mit den wichtigsten Umgangsformen, Gesten und Vokabeln vertraut machen, und ebenso sollten wir als Hundebesitzer die wichtigsten Vokabeln der Sprache unseres Vierbeiners kennen, zu denen die Beruhigungssignale zählen (siehe Abbildung).

Zeigt Ihr Hund solche Beruhigungssignale, tut er dies, um sich selbst und seine Familienmitglieder zu beruhigen. Sie haben also eine selbstentstressende Wirkung.

Befinden Sie sich mit Ihrem Hund in einer potenziell belastenden Situation und Ihr Hund gähnt mehrfach oder hechelt stark, können Sie ihm helfen, indem Sie selbst Beruhigungssignale aussenden, ihm also beispielsweise zublinzeln, ebenfalls gähnen oder immer wieder hörbar tief ausatmen. Auch verschiedene TTouches leisten hier gute Dienste. Genaueres wird im Folgenden beschrieben. Sie müssen sich keine Sorgen machen, die Angst Ihres Hundes durch diese Form der Zuwendung zu verstärken. Meine Erfahrung bei Schulungen von Tierärzten und Praxisteams hat mir gezeigt, wie gut es Hunden tut, vor der Untersuchung gezielt mit Tellington TTouch® behandelt zu werden. Sie kommen anschließend viel entspannter und freudiger in den Behandlungsraum.

Manchmal werde ich bei Vorführungen darauf angesprochen, dass der Hund, den ich gerade auf dem Tisch mit Tellington TTouch®

Übersicht über die Beruhigungssignale nach Turid Rugaas. (Abbildung: Archiv Freiling)

behandle, gähnt. Es geschieht in der Tat häufig, dass die Hunde nach den ersten sanften und einfühlsamen Berührungen gähnen, um Spannung loszulassen. In diesem Fall ist das Beruhigungssignal ein gutes Zeichen und kein Anzeichen dafür, dass der Hund in diesem Augenblick zu viel Stress hat.

Ich freue mich immer, wenn Hunde in der Lage sind, Beruhigungssignale auszusenden. Damit verfügen sie über ein zuverlässiges Kommunikationswerkzeug und auch über eine gute Selbstregulation. Die Beruhigungssignale versetzen sie in die Lage, sich stressigen Situationen zu stellen und diese zu bewältigen.

Ich habe Trainer kennengelernt, die ihren Kunden empfehlen, den Hund mehrere Stunden in einem ruhigen und abgedunkelten Raum entspannen zu lassen, wenn er ein Beruhigungssignal zeigt. Dies halte ich mit Verlaub für deutlich übertrieben und richte mich lieber nach dem gesunden Mittelmaß. Das richtige Vorgehen hängt von der Situation und vom einzelnen Hund ab. Ihr Bauchgefühl wird Ihnen sagen, ob Ihr Hund tatsächlich so viel Stress hat, dass er Ruhe braucht, oder ob er durch Aufmunterung und eine entsprechende Behandlung lernen kann, sich der Herausforderung zu stellen.

©Archiv Freiling

ENTSPANNUNGS-TECHNIKEN UND WEITERE HILFEN

Möchten Sie Ihrem Hund helfen, sich zu entspannen, bietet es sich an, die im Folgenden beschriebenen Übungen, insbesondere die Tellington TTouches®, zunächst ohne Ablenkung in der gewohnten Umgebung und in einer vertrauten Atmosphäre umzusetzen. Die beste Zeit dafür ist meistens der Abend, weil dann die Wahrscheinlichkeit für Ablenkungen am geringsten ist. Natürlich ist jede andere Tageszeit ebenso gut geeignet, wenn gewährleistet ist, dass das Telefon und die Türklingel schweigen und auch sonst alles ruhig ist. Empfehlenswert ist es, im Hintergrund entspannende Musik laufen zu lassen, und auch ein geeigneter Duft (siehe Abschnitt „Aromaöle") kann unterstützend wirken. Idealerweise führen Sie die Übungen drei Wochen lang täglich unter diesen Bedingungen durch. So erreichen Sie, dass Ihr Hund sie mit der entspannten Atmosphäre verknüpft. Anschließend können Sie das Übungsumfeld nach und nach verändern, indem Sie zunehmend Ablenkungen und Herausforderungen einbauen. Achten Sie jedoch darauf, alles dem Lerntempo Ihres Hundes anzupassen; erhöhen Sie den Schwierigkeitsgrad also erst dann, wenn der Hund die bisherige Herausforderung zuverlässig entspannt bewältigen kann.

So vorbereitet können Sie nun auch stressige Alltagssituationen besser meistern, indem Sie Ihren Hund durch die vertrauten Übungen in eine entspannte Situation versetzen. Tiere haben wie wir Menschen eine Art Muskelgedächtnis. Spürt Ihr Hund die angenehmen Berührungen, beginnt sein Körper Wohlfühlhormone auszuschütten und der Stress wird automatisch reduziert. So wird es Ihnen dann auch in turbulenteren Situationen leichter gelingen, den Hund zu beruhigen.

Die Tellington-TTouch®-Methode

Ein liebevolles Lächeln beginnt im Herzen, breitet sich im gesamten Körper aus, zeigt sich auf den Lippen und fließt über den Blick und die Hände ins Gegenüber, um auch da Wohlbefinden, Vertrauen und Glück zu verteilen.

Tellington TTouch® ist eine sanfte und achtsame Methode, die sich aus mehreren Bausteinen zusammensetzt und von meiner lieben Lehrerin und Freundin, der weltweit anerkannten Tierexpertin Linda Tellington-Jones, in den 1980er-Jahren zusammen mit ihrer Schwester Robyn Hood entwickelt wurde. Das Schöne an dieser Methode ist, dass sie sich einfach umsetzen lässt, wundervolle Wirkung zeigt und ständig weiterentwickelt wird. Neue Forschungsergebnisse, Erfahrungen und Erkenntnisse werden immer wieder integriert.

Tellington-TTouch® von Anfang an

Sie können bei Ihrem Hund gar nicht früh genug mit der Tellington-TTouch®-Behandlung beginnen. Bereits Welpen profitieren sehr von dieser sanften Arbeit, die dazu beiträgt, dass sie zu selbstsicheren, glücklichen und gesunden Hunden heranwachsen.

Die Methode basiert auf Zusammenarbeit mit dem Tier auf Basis von tiefem gegenseitigem Vertrauen, Verständnis und Achtung.

Das doppelte T in TTouch steht für das englische Wort „trust", das „Vertrauen" bedeutet. Tellington TTouch® heißt also übersetzt „Tellington-Vertrauens-Berührung". Die Tellington-TTouch®-Methode ist ein ganzheitliches Konzept, das jedes Tier individuell betrachtet und fördert.

WARUM UND WIE WIRKT TELLINGTON TTOUCH®?

Über unsere Haut nehmen wir Kontakt miteinander auf. Die Haut unserer Fingerspitzen oder auch der gesamten Hand berührt die Haut des Gegenübers. Die Haut ist das größte Organ des Organismus und sie hat viele neuronale Vernetzungen zu inneren Organen und zum Nervensystem. Die Tellington-TTouch®-Methode ist deshalb so effektiv, weil sich damit über sanfte Berührungen der Haut ein wohltuender Einfluss auf den gesamten Organismus ausüben lässt. Sie aktiviert das für Entspannung zuständige parasympathische Nervensystem, wodurch das für Erregung verantwortliche sympathische Nervensystem gehemmt wird. Tellington-TTouch® senkt den Stresshormonlevel, gleicht Blutdruck, Herz- und Atemfrequenz aus und harmonisiert die Gehirnwellen. So kann diese Methode helfen, die Konzentration und Koordination zu verbessern, und außerdem Ruhe und Wohlbefinden vermitteln.

Jahrzehntelang wurde in der Biologie unterrichtet, dass der Zellkern das wichtigste

Organ einer Zelle sei, da dieser entscheidet, was mit der Zelle passiert. Der weltbekannte Zellbiologe Dr. Bruce Lipton hat jedoch nachgewiesen, dass es nicht der Zellkern ist, der den Stoffwechsel bestimmt, sondern die Membran, also die Haut der Zelle. Studien belegen, dass schlechte Erfahrungen und emotionale Schocks auf zellulärer Ebene gespeichert werden. Das kann man oft sogar sehen. Häufig ändert sich bei Hunden die Farbe oder die Struktur des Fells rund um verspannte Körperregionen. In diesen Bereichen ist der Austausch der Zellen limitiert. Durch die sanften Tellington-TTouch®-Berührungen können wir den Stoffwechsel in Zonen, in denen eine Blockade durch Traumata, Verletzungen oder Verspannungen vorliegt, wieder aktivieren.

Sanfte TTouches können schon die ganz Kleinen ausführen und genießen. (Foto: Archiv Freiling)

DIE BAUSTEINE DER TELLINGTON-TTOUCH®-METHODE

Diese Methode besteht aus den folgenden vier Bausteinen:

- Tellington-TTouch®-Körperarbeit
- Tellington-TTouch®-Trainingsequipment
- Tellington-TTouch®-Lernparcours, auch Bodenarbeit genannt
- Tellington-TTouch®-Philosophie, auch das Herz des TTouch genannt

Die Tellington-TTouch®-Körperarbeit ist eine Kombination aus gezielten hebenden, streichenden und kreisenden Berührungen, die das Körperbewusstsein und die Empfindungen stärken, Stress reduzieren, Verspannungen lösen, Emotionen ins Gleichgewicht bringen, die Gesundheit fördern und die Bindung vertiefen.

Wenn der Körper wieder in Balance kommt, gleichen sich automatisch auch die Psyche und die Emotionen aus.

TTouch wirkt sowohl auf die Muskeln als auch auf das Nervensystem und hat einen direkten Einfluss auf den Zellstoffwechsel. Genau wie das Gehirn Informationen an den Körper sendet, gibt der Körper Informationen an das Gehirn zurück.

Wenn also im Körper eine Anspannung besteht, ist der Informationsfluss zum Gehirn gehemmt. In der TTouch-Arbeit setzen wir ungewöhnliche Berührungen und Bewegun-

Die Tellington-TTouch®-Philosophie beinhaltet, dass wir uns mit dem Tier auf eine Stufe stellen und es als Geschenk betrachten. (Foto: Archiv Freiling)

gen ein. Diese aktivieren neue beziehungsweise bisher ungenutzte Verbindungen zum Gehirn. Das Resultat ist, dass vermeintlich unkooperative Tiere plötzlich gerne mitarbeiten und sehr vertrauensvoll werden. Sie lernen, umzudenken und bewusst zu handeln, statt einfach nur instinktiv und impulsiv zu reagieren.

Gerade in Stresssituationen sind TTouches hilfreich, weil sie die Ausschüttung des Vertrauenshormons Oxytocin aktivieren. Speziell der Maul-TTouch kann das limbische System beeinflussen und Stoffwechselvorgänge im Gehirn in Balance bringen.

Die bei vielen TTouches genutzten Eineinviertel-Basiskreise bringen messbar Blutdruck, Herz- und Atemfrequenz in Balance.

Die Gehirnforscherin Dr. Anna Wise, deren Lebensaufgabe es war die Gehirnfrequenzen von Genies zu messen, fand zudem heraus, dass die Eineinviertel-Basiskreise das Gehirn des Behandlers und das des Behandelten in den sogenannten Awakened Mind State versetzen. Es handelt sich dabei um den idealen Gehirnwellenzustand, den sie bis dahin nur bei Menschen gemessen hatte, die mental mehr leisteten als der Durchschnittsmensch. In diesem Zustand ist das Gehirn in Balance und zu Höchstleistungen fähig. Daher ist es so wichtig, genau Eineinviertel-Kreise auszuführen, denn nur bei dieser Art von Kreisen konnte das Phänomen gemessen werden.

Zum Tellington-TTouch®-Trainingsequipment zählen ein flaches, breites Halsband, das es ermöglicht, feine Signale zu geben, ein gut sitzendes Brustgeschirr, das wir zur sanften Führung einsetzen, eine Leine mit zwei kleinen Karabinern, die jeweils an zwei Ringen am Geschirr befestigt werden oder von denen einer in das Halsband und der andere in das Geschirr eingehakt wird, um den Hund sicher und ausbalanciert zu führen, sowie Körperbandagen, die dem Hund ein besseres Körpergefühl vermitteln. Außerdem kommen noch weitere Hilfsmittel zum Einsatz, die später genauer vorgestellt werden.

Der Tellington-TTouch®-Lernparcours aktiviert das bewusste Denken, was sehr hilfreich ist, wenn man bestimmte Dinge wie Hundebegegnungen, entspanntes Gehen an der Leine oder auch Begegnungen mit fremden Menschen üben möchte. Während der Hund gezielt im Lernparcours arbeitet, denkt er bewusst mit und die Bögen, die immer wieder zu bewältigen sind, beruhigen und entspannen den Hund ebenso wie die Bewegung an sich. So kann der Stresshormonpegel gar nicht so stark ansteigen, die Situation ist entschärft und der Hund wird in die Lage versetzt, neue Verhaltensmuster aufzubauen.

Die Tellington-TTouch®-Philosophie beinhaltet schließlich, dass wir voller Dankbarkeit das Wertvolle in unserem Tier sehen und es als Geschenk und unseren Lehrer betrachten. Es steht mit uns auf einer Stufe und wir stellen es uns so vor, wie wir es gerne haben möchten. Unser Tier ist einzigartig und wir gehen auf es ein, indem wir seine Lernfähigkeit und sein individuelles Lerntempo respektieren.

TELLINGTON-TTOUCH®-KÖRPERARBEIT

Beginnen Sie, indem Sie bei sich selbst den Herz-TTouch ausführen und sich vorstellen, wie sich Ihr Hund entspannt. Betrachten Sie ihn liebevoll und sehen Sie das Wunderbare in ihm.

Positionieren Sie sich so, dass Sie und Ihr Hund sich wohlfühlen. Ihr Hund kann sitzen, liegen oder stehen und darf seine Position auch gern verändern. Am besten arbeiten Sie von der Seite. Stellen Sie Ihren Hund gegebenenfalls auf einen Tisch, das gibt ihm einen sanften Rahmen und erlaubt Ihnen eine entspanntere Körperhaltung. Achten Sie auf eine bewusste Atmung und darauf, dass Ihr Handgelenk immer locker ist. Je entspannter Sie sind, umso mehr Ruhe können Sie übertragen.

Stützen Sie Ihren Hund mit einer Hand und führen Sie mit der anderen den gewünschten TTouch aus. Achten Sie dabei auf die Rückmeldung Ihres Lieblings, beispielsweise Beruhigungssignale, Lautäußerungen oder Körpersignale wie Zucken der Haut, Anhalten der Atmung, Erstarren und Ähnliches. Gehen Sie auf diese Reaktionen ein und zeigen Sie Ihrem Hund, dass Sie ihn verstanden haben, indem Sie kurz innehalten, die Druckstärke Ihrer Berührung reduzieren oder zu einer anderen Körperregion wechseln. Beginnen Sie immer an einer Körperregion, an der Ihr Hund die Berührung genießt. Dieses Vorgehen schafft Vertrauen. Im Folgenden stelle ich Ihnen nun hilfreiche TTouches vor und beschreibe ihre Ausführung und Wirkung.

Noahs Marsch: Das ist der Name für das Abstreichen von der Nasenspitze über den Kopf, über die Wirbelsäule bis hin zur Rute. Dieser TTouch hilft enorm, den Hund zu beruhigen und eine tiefere Verbindung zu ihm aufzubauen. Wichtig ist hier, mit langsamen, langen Streichungen zu arbeiten. Stellen Sie sich dazu neben Ihren Hund, stützen Sie seinen Fang und streichen Sie mit der gewölbten Hand von der Nasenspitze über die Augen und die Kopfmitte und dann entlang der Wirbelsäule bis zur Rutenspitze. Bei scheuen Hunden verwenden Sie die Rückseite der Hand.

Entlang des Blasenmeridians ausgeführte TTouches wirken sich wohltuend und ausgleichend auf den gesamten Organismus aus. (Foto: Archiv Freiling)

Machen Sie vor der Ausführung bei Ihrem Hund einen Selbsttest: Stellen Sie sich zunächst vor, wie viele Menschen Hunde begrüßen. Oft ist das ein schnelles Hin-und-her-Rubbeln gefolgt von herzhaftem bis heftigem Klopfen. Führen Sie diese Bewegungen nun an Ihrem Oberarm aus und registrieren Sie bewusst, was Sie dabei fühlen.

Pausieren Sie für einen Moment.

Legen Sie nun Ihre flache Hand sanft auf Ihre Schulter und streichen Sie in einer langsamen Bewegung zart bis hinunter zu den Fingerspitzen. Stellen Sie sich vor, dass Ihre Hand ein Scanner ist, der alles wahrnimmt – die Anspannung der Muskulatur, die Wärme, die Struktur Ihres Armes und so weiter.

Vermutlich fühlen Sie sich nun wesentlich ruhiger und wohliger als bei der Übung zuvor. Das liegt daran, dass das Gehirn nur auf die längeren, sanften Berührungen mit einer Ausschüttung des Wohlfühlhormons Oxytocin reagiert und nicht auf die schnellen.

Der Noahs-Marsch-TTouch eignet sich gut, um die notwendige Erholungspause nach einer Disstress-Situation zu füllen. Ihr Hund wird sich mithilfe des TTouches viel schneller regenerieren und wieder in Balance kommen.

Wolkenleopard-TTouch: Das ist der Basis-TTouch, bei dem die bereits beschriebenen Eineinviertel-Kreise verwendet werden. Je nach Auflagefläche der Finger ergeben sich daraus weitere kreisende TTouches, die im Anschluss beschrieben werden.

Wölben Sie für den Wolkenleopard-TTouch Ihre Hände leicht und legen Sie die Handballen und die Fingerspitzen aneinander. Der Teil der Finger, der sich jetzt berührt, führt den Eineinviertel-Kreis aus, wobei eine Kreisbewegung circa zwei Sekunden dauert. Um den Wolkenleopard-TTouch zu üben, legen Sie die Fingerkuppen auf Ihren Unterarm und visualisieren das Zifferblatt einer Uhr. Stellen Sie sich vor, an Ihren Fingerkuppen seien Saugnäpfe, die sich an der Haut festsaugen. Bewegen Sie nun mit so wenig Druck, dass die Finger gerade nicht wegrutschen, die Haut von sechs Uhr über neun, zwölf und drei Uhr wieder zu sechs und dann noch mal weiter zu neun Uhr. So beschreiben Sie genau einen Eineinviertel-Kreis. Der Daumen dient hierbei als Stütze und ruht circa drei Zentimeter neben den ttouchenden Fingern. Danach pausieren Sie kurz, belassen die Hand jedoch auf der Haut und gleiten in einer geraden Linie ein Stück weiter.

Für eine ganzheitliche Behandlung arbeiten Sie bei Ihrem Hund in parallel zur Wirbelsäule verlaufenden Linien und dann die Pfoten hinab über den gesamten Körper. Führen Sie jeweils nur einen TTouch auf einer Stelle aus. Achten Sie darauf, immer im Uhrzeigersinn zu arbeiten, und beginnen Sie gegen die Schwerkraft; sechs Uhr befindet sich also grundsätzlich unten, sodass die erste und die letzte Bewegung des TTouch-Basiskreises nach oben Richtung neun Uhr führt. Dies hinterlässt das Gefühl der Erleichterung.

Der Wolkenleopard-TTouch hilft dem Hund, aufmerksamer und selbstbewusster zu werden, und er fördert eine gute Verbindung des gesamten Körpers.

Liegender-Leopard-TTouch: Dieser TTouch wird wie der Wolkenleopard-TTouch ausgeführt, allerdings werden dabei die ersten beiden Fingerglieder verwendet. Er wirkt beruhigend, vertrauensbildend und entspannend.

Waschbär-TTouch: Für diesen kreisenden TTouch setzen Sie Ihre Finger im 90-Grad-Winkel auf, ohne jedoch die Nägel einzusetzen. Er eignet sich besonders gut für kleine, empfindliche Körperbereiche, wie die Pfoten und das Maul sowie bei akuten Verletzungen und Schmerzen.

Orang-Utan-TTouch: Dieser TTouch wird mit der Rückseite der ersten beiden Fingerglieder ausgeführt. Er ist besonders gut für scheue und skeptische Hunde geeignet, weil er durch die Verwendung der Rückseite der Hand sehr respektvoll ist und weniger bedrohlich wirkt. Rund um den Fang angewendet, wirkt er sehr wohltuend und lockernd.

Muschel-TTouch: Für diesen TTouch legen Sie die gesamte Handfläche auf, wobei die Finger mit der Hand eine Einheit bilden und die Kreisbewegungen aus dem Arm heraus ausgeführt werden. Der Muschel-TTouch schafft Geborgenheit, Sicherheit, Wärme und ein tiefe innige Verbindung zwischen Ihnen und Ihrem Liebling. Er lockert die Muskulatur und hilft gut gegen Schmerzen. Führen Sie den Muschel-TTouch mittig auf der Brust und zwischen den Vorderbeinen aus, dies ist der

Herz-TTouch für Mensch und Hund. Der Hund trägt ein Kopfhalfter, um ihn auch in Stresssituationen sanft und sicher führen zu können. (Foto: Archiv Freiling)

Herz-TTouch für Ihren Hund. Er hilft ihm, in einen ausgeglichenen Zustand zu kommen.

Ohren-TTouch: Dies ist einer der wichtigsten TTouches. An der Ohrenbasis und über das gesamte Ohr verteilt befinden sich viele Akupunkturpunkte, die den gesamten Organismus widerspiegeln. Um das Ohr verläuft zudem ein Meridian, der Dreifache Erwärmer, der verantwortlich für Atmung, Verdauung und Fortpflanzung ist. All diese Bereiche werden beim Ohren-TTouch behandelt.

Besonders im Notfall und bei Schockzuständen ist dieser TTouch ein wertvolles Mittel und kann sogar zur Lebensrettung beitragen, indem er den gesamten Organismus aktiviert und somit hilft, die Atmung und den Kreislauf zu stabilisieren. Viele Fallberichte bestätigen das. Er sollte bei keiner Behandlung fehlen und er eignet sich zum Einstieg in eine Sitzung, weil er insgesamt das Wohlbefinden und eine gute Bindung fördert. Bei Verdauungsbeschwerden, Übelkeit beim Autofahren, Hyperaktivität, Angst, Schmerzen und Ermüdung hat sich der Ohren-TTouch ebenfalls sehr gut bewährt. Er ersetzt jedoch selbstverständlich keine tierärztliche Behandlung, sondern ist als Ergänzung dazu zu sehen beziehungsweise als Erste-Hilfe-Maßnahme, bis eine tierärztliche Behandlung erfolgen kann.

Stützen Sie für den Ohren-TTouch mit einer Hand sanft den Fang Ihres Hundes und streichen Sie mit der anderen Hand behutsam das Ohr von der Basis zur Spitze hin aus, wobei sich Ihr Daumen auf der Außenseite und der gefaltete Zeigefinger auf der Innenseite befindet. Beginnen Sie immer an der Kopfmitte und wiederholen Sie das Ausstreichen mehrmals, jeweils an einem anderen Teil des Ohres, bis das gesamte Ohr bearbeitet ist. Achten Sie darauf, der Ohrwuchsrichtung zu folgen und eher zur Seite und nach vorn auszustreichen statt nach hinten. Ein gestresster Hund legt die Ohren eng an den Kopf. Diese Position ist also mit der Ausschüttung von Stresshormonen verbunden, und genau dem möchten Sie ja entgegenwirken. Beobachten Sie Ihren Hund, wenn er fröhlich ist, und merken Sie sich die Ohrenposition, die er in diesem Moment hat. In diese Richtung arbeiten Sie dann beim Ohren-TTouch.

Generell achte ich beim Ohren-TTouch darauf, dass ich mich seitlich vom Hund befinde. Manchmal möchte sich ein Hund mir aber lieber zuwenden. Dann signalisiere ich ihm, dass er sich auch in dieser Position sicher fühlen kann, indem ich Beruhigungssignale wie Blinzeln und Kopfabwenden aussende und ihn mit sanftem Blick anschaue.

Maul-TTouch: Der Fang ist neben der Rute das wichtigste Emotionszentrum des Hundes. Das gesamte Maul und besonders der Punkt unter der Nase, über den Schneidezähnen, wo das Lippenbändchen ansetzt, steht in direkter Verbindung zum limbischen System, der Gefühlszentrale im Gehirn. Vom Maul gibt es außerdem die meisten Nervenverbindungen zum Großhirn. Darum sollten Sie möglichst oft den Fang Ihres Hundes mit TTouch verwöhnen. Gerade bei gestressten Hunden gehört der Maul-TTouch zum Pflichtprogramm.

Beginnen Sie mit einem Abstreichen von der Nase über die Augen bis zum Ohr und führen Sie dann Liegender-Leopard-TTouches unterhalb der Ohren auf der Wange aus.

Werden TTouches an den hier gezeigten Entspannungspunkten ausgeführt, haben sie eine besonders harmonisierende Wirkung. (Foto: Archiv Freiling)

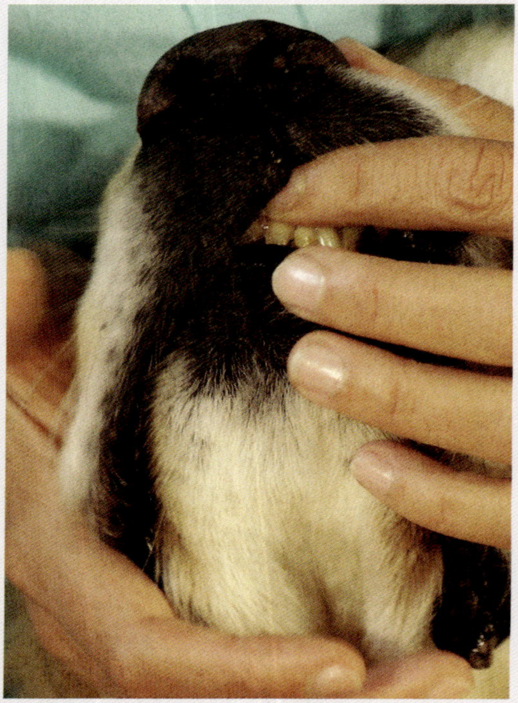

Der Punkt unter der Nase, über den Schneidezähnen, steht in einer besonderen Verbindung zum Emotionszentrum im Gehirn. (Foto: Archiv Freiling)

Die meisten Hunde lieben das. Gleiten Sie nun langsam immer ein kleines Stückchen näher an den Fang des Hundes heran und führen Sie zunächst auf dessen Außenseite TTouches aus. Wenn das gut funktioniert, gleiten Sie mit den Fingern unter die Lefze und führen auch hier die kreisenden TTouch-Bewegungen aus. Achten Sie darauf, dass das Maul dabei schön feucht ist. Sollte es trocken sein, feuchten Sie gegebenenfalls Ihre Hände an.

Ruten-TTouch: Die Rute ist das „Emotionspendel" des Hundes. Anspannung in der Rute ist gewöhnlich mit Unsicherheit und emotionaler Anspannung verbunden. Angst drückt sich durch eine eingeklemmte Rute aus. Diese Körperhaltung sendet die Info „Ich habe Angst" an das Gehirn, woraufhin die entsprechenden Stresshormone ausgeschüttet werden. Gelingt es nun, die Körperhaltung durch sanftes Arbeiten an der Rute zu ändern, wird im Gehirn eine neue, entspanntere Information ankommen.

Häufige Rutenarbeit empfiehlt sich insbesondere dann, wenn Ihr Hund die Rute oft einklemmt oder sehr steil nach oben trägt und wenn er ununterbrochen damit wedelt. Das ständige Wedeln ist häufig Ausdruck enormer innerer Erregung.

Führen Sie zunächst sanfte Liegender-Leopard-TTouches am Rutenansatz aus. Streichen Sie dann mit dem Handrücken oben und unten an der Rute entlang. Legen Sie die Rute nun an die Seite des Oberschenkels Ihres Hundes und führen Sie mit ihr sanfte Eineinviertel-Kreise aus. Nehmen Sie die Rute anschließend in Ihre Hand und üben Sie leichten Zug in Richtung Rutenspitze aus. Zählen Sie dabei bis fünf und geben Sie dann ganz langsam nach, während Sie bis zehn zählen. Sie können außerdem Haar-TTouches oder Waschbär-TTouches entlang der Rute ausführen und die einzelnen Wirbel so sanft wie möglich nach oben und unten bewegen, wie die Perlen an einer Schnur.

Bauchheber: Der Bauchheber bringt den gesamten Körper in Balance. Die Rücken- und Bauchmuskulatur wird entspannt und gelockert, die Verdauung, die gerade bei gestressten Hunden angegriffen ist, wird reguliert, die Gelenke in den Beinen erhalten mehr Geschmeidigkeit.

Legen Sie für den Bauchheber eine elastische Bandage unter den Bauch des Hundes, direkt hinter die Vorderbeine, und heben Sie die Bandage leicht an, wobei Sie bis fünf zählen. Halten Sie die Bandage nun auf dieser Höhe und zählen Sie wieder bis fünf. Lassen Sie anschließend die Bandage langsam nach unten sinken und zählen Sie dabei bis zehn.

Wiederholen Sie diese Übung in der Mitte des Bauches und direkt vor den Hinterbeinen. Sie können den Bauchheber auch mit Ihrer flachen Hand, einem Handtuch oder einem Schal ausführen.

Raupen-TTouch: Legen Sie beide Hände sanft in einem Abstand von circa fünf Zentimetern auf den Rücken des Hundes und verwenden Sie nur wenig Druck; gerade so viel, dass sich die Haut zusammenschieben lässt. Schieben Sie nun beide Hände zusammen, halten Sie die Haut an dieser Stelle und lassen Sie die Hände anschließend auseinandergleiten. Das Auseinandergleiten sollte etwa doppelt so lange dauern wie das Zusammenschieben. Arbeiten Sie so vom Nacken bis zum Rutenansatz und auch entlang der Schulterblätter.

Die Raupe beruhigt, löst Verspannungen, lindert Arthroseschmerzen an der Wirbelsäule und nimmt Ängste vor Fremden.

Python-TTouch: Legen Sie die Hand auf Ihren Hund, schieben Sie die Haut zart nach oben, halten Sie kurz inne und begleiten Sie die Haut dann wieder zurück. Der entspannende Effekt wird erhöht, wenn Sie sich für das Hinunterbegleiten doppelt so lange Zeit lassen wie für das Anheben. Der Python-TTouch wirkt entspannend und beruhigend, er vertieft die Atmung und erdet.

Quallen-TTouch: Führen Sie einen Muschel-TTouch an der Schulter Ihres Hundes aus, heben Sie danach die Haut mit dem Handballen ganz leicht nach oben in Richtung Wirbelsäule und führen Sie dabei eine leicht vibrierende Bewegung aus. Vibrierende Bewegungen regen die Ausschüttung von Oxytocin an und entspannen die Muskulatur. Die Qualle hilft besonders gut, Schultern und Hüften zu lockern und geschmeidig zu machen.

Haar-TTouch: Streichen Sie das Haar Ihres Hundes Strähne für Strähne sanft mit Ihren Fingern aus. Wenn Ihr Hund das genießt, nehmen Sie eine Strähne zwischen Daumen und Zeigefinger, führen mit dieser Strähne den Eineinviertel-Kreis aus und streichen anschließend das Haar sanft aus.

Diese Übung eignet sich ganz hervorragend für Hunde, die das Kämmen nicht mögen. Die Haare stehen über die Haarmuskeln in engem Kontakt mit dem Nervensys-

Tipp

Das Tragen einer Schnauzen- oder Kopfbandage erleichtert oft die Arbeit am Fang. Bei ganz misstrauischen Hunden hilft es auch, wenn Sie die Finger mit etwas Leberwurst oder Frischkäse bestreichen. Mit diesem Trick lernen die meisten Hunde die Maularbeit lieben. Die im Kapitel über das Clickertraining beschriebene Kinn-Übung und das Schönclickern sind ebenfalls hilfreich.

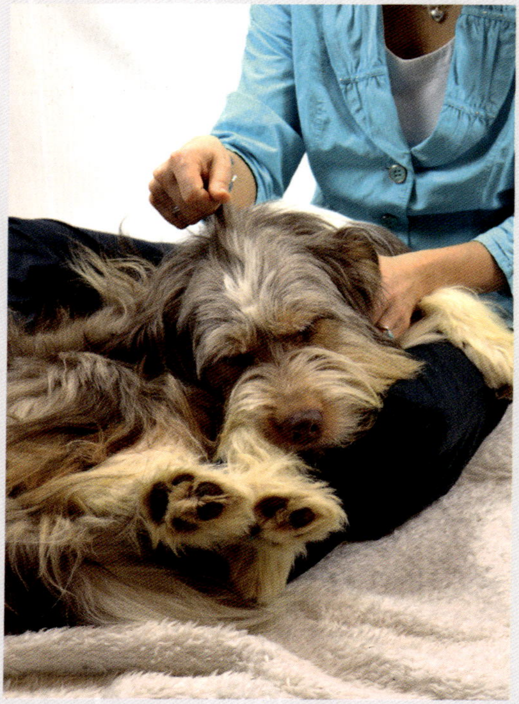

Hunde genießen den Haar-TTouch sehr. (Foto: Archiv Freiling)

tem, sodass die entspannende Wirkung sehr tiefgreifend ist.

TTouches für Beine und Pfoten: Führen Sie zunächst verbundene TTouches, bei denen die Hand auch zwischen den Eineinviertel-Kreisen immer am Körper bleibt, und Python-TTouches entlang der Beine aus. Heben Sie dann vorsichtig die Pfote Ihres Hundes an und führen Sie mit ihr kleine kreisförmige Bewegungen aus. Machen Sie anschließend Waschbär-TTouches auf den Pfotenballen.

Diese Übung lockert die Schultern und die Hüfte, zwei Bereiche, die bei gestressten Hunden häufig sehr verspannt sind. Die Arbeit an Beinen und Pfoten erdet den Hund und bringt ihm mehr Standfestigkeit. Sie können bei dieser Übung wunderbar ätherische Öle (siehe Abschnitt „Aromaöle") in die Pfotenballen einarbeiten; hier entfalten sie eine nachhaltige Wirkung. Sollte Ihr Hund das nicht mögen, können Sie es ihm mithilfe des Clickertrainings schmackhaft machen.

DAS TELLINGTON-TTOUCH®-TRAININGSEQUIPMENT

Hier möchte ich Ihnen das bereits erwähnte Tellington-TTouch®-Trainingsequipment und seine Anwendung genauer vorstellen.

Doppelführungsleine: Bei der Tellington-TTouch®-Methode benutzen wir gern eine Leine, die an beiden Enden mit Karabinern ausgestattet ist. Diese werden entweder an zwei Punkten am Brustgeschirr, am Brustgeschirr und am Halsband oder am Brustgeschirr und am Kopfhalfter eingehakt. Die Führung über zwei Kontaktpunkte schenkt Ihnen und Ihrem Hund mehr Balance sowie mehr Sicherheit und Klarheit beim Führen.

Balanceleine: Die Balanceleine ist ein einfaches Hilfsmittel, um Ihnen und Ihrem Hund zu mehr Verbundenheit und Sicherheit zu verhelfen. Als Balanceleine kann eine normale, circa zwei bis drei Meter lange Leine verwendet werden, die am Halsband oder Brustgeschirr eingehakt ist. Sie wird auf Höhe der Schulter vor der Brust um den Hund gelegt. Die Leine sollte weich sein, damit sie nirgends scheuert. Am besten üben Sie das Führen an der Balanceleine zunächst im Labyrinth (siehe Abschnitt „Tellington-TTouch®-Lernparcours"), bis Sie und Ihr

Hund vertraut damit sind. Die Balanceleine ist sehr praktisch in Situationen, in denen es plötzlich schwierig für Ihren Hund wird, gelassen an der Leine zu laufen. Zum Beispiel, wenn Sie auf Ihrem täglichen Spaziergang an einem Haus vorbeigehen müssen, wo ein anderer Hund hinter dem Zaun bellt, was Ihren Hund nervös macht und dazu veranlasst, an der Leine zu ziehen. Wenn Sie vor der Problemstelle die Balanceleine um Ihren Hund legen, werden Sie diese mit wesentlich mehr Ruhe passieren können. Die Balanceleine gibt Ihrem Hund einen klaren Rahmen und ermöglicht Ihnen eine eindeutigere Kommunikation und ein sichereres Handling. Viele Hunde lernen mittels der Balanceleine, an lockerer Leine zu laufen.

Kopfhalfter: Das Kopfhalfter ist eine Trainingshilfe, die Sie gut einsetzen können, um Ihren Hund auch in Stresssituationen sanft und dennoch sicher zu führen. Es wirkt zudem ebenso beruhigend wie das Schnauzband, das im Folgenden noch beschrieben wird. Wichtig ist, dass Sie dieses Hilfsmittel sehr achtsam und respektvoll einsetzen. Es muss gut passen und sollte immer mit dem Halsband oder Geschirr zusammen verwendet werden. Achten Sie darauf, niemals am Kopfhalfter zu ziehen, hier sind feine, kleine Signale der Schlüssel zum Erfolg. Bitte lassen Sie sich die Benutzung von einem erfahrenen Tellington-TTouch®-Practitioner zeigen.

Körperbandagen: Die Körperbandagen geben dem Hund einen Rahmen und erhöhen sein Körperbewusstsein – er bekommt ein besseres Gefühl für die Lage seines Körpers im Raum (Propriozeption). Das vermittelt ihm Sicherheit und Geborgenheit und

Dieser Hund hat Angst vor Radfahrern. Dank sicherer Führung und Ohren-TTouches wagt er die Kontaktaufnahme. (Foto: Archiv Freiling)

hilft ihm, in Stresssituationen wieder zu sich zu kommen.

Legen Sie eine Körperbandage zunächst für circa 15 Minuten an und beobachten Sie Ihren Hund, während er sie trägt. Lassen Sie Ihren Hund mit einer Bandage bitte niemals unbeaufsichtigt. Die beruhigende Wirkung der Bandage hält auch nach dem Abnehmen noch lange an. Es gibt verschiedene Arten von Körperbandagen, von denen ich Ihnen hier einige mit besonders beruhigender Wirkung vorstellen möchte.

Für die Halbe Bandage, die besonders gut bei Ängsten (Silvester, Gewitter, Tierarzt), bei

Übelkeit und Unruhe im Auto und bei Hyperaktivität hilft, legen Sie eine elastische Bandage mittig vor die Brust Ihres Hundes, kreuzen die beiden Enden erst über den Schultern, danach unter dem Bauch und verschließen die Bandage neben der Wirbelsäule.

Für eine Herzbandage legen Sie die elastische Bandage über den Rücken, führen die Enden vor die Brust, kreuzen sie dort über dem Herzen und führen sie dann zwischen den Vorderbeinen hindurch und seitlich an den Rippen nach oben. Hier kreuzen Sie sie erneut und verschließen sie. Die Herzbandage wirkt beruhigend und ist besonders bei aufbrausenden Hunden hilfreich.

Eine Kopfbandage ist sehr effektiv bei besonders unruhigen, aufgedrehten und gestressten Hunden. Der vordere Teil liegt an der Stirn über den Präfrontallappen des Großhirns, worin Denkprozesse und das realistische Einschätzen von Situationen stattfinden. Das sogenannte Stirnhirn ist verantwortlich für angemessenes Verhalten auf Grundlage der erhaltenen Informationen. Für eine Kopfbandage legen Sie eine elastische Bandage mittig über die Stirn, kreuzen die Enden unter dem Kinn und legen sie anschließend oben um den Hals. Dort verschließen Sie die Bandage.

Das Schnauzband liegt über den Beruhigungspunkten im Augenwinkel und sorgt für

Das Schnauzband ist besonders hilfreich bei bellenden und jaulenden Hunden. (Foto: Archiv Freiling)

Das Labyrinth fördert Koordination und Konzentration. (Foto: Archiv Freiling)

Ausgeglichenheit und Ruhe. Es wirkt besonders gut bei bellenden und jaulenden Hunden, hilft aber auch bei Reiseübelkeit und Geräuschangst. Als Schnauzband wird eine schmale Bandage über den Fang des Hundes gelegt, unter dem Kinn gekreuzt und hinter dem Nacken verschlossen.

Das Thundershirt® ist keine Tellington-Bandage, sondern ein stabiles Spezial-T-Shirt, das den Körper des Hundes ebenfalls einrahmt und wissenschaftlichen Untersuchungen zufolge bei 80 Prozent der ängstlichen Hunde eine deutliche Besserung bei Reiseübelkeit, Geräuschphobie, Trennungsangst und Unruhe bewirkt. Es besteht aus sehr hochwertigem Material und kann von Ihrem Hund auch ohne Aufsicht getragen werden.

TELLINGTON-TTOUCH®-LERNPARCOURS

Das zentrale Element des Lernparcours ist das Labyrinth. Linda Tellington-Jones entwickelte es vor 40 Jahren für Pferde, um bei ihnen durch die ungewohnten Bewegungsabläufe neue Nervenbahnen zu aktivieren. Es verbessert auch bei Hunden die Konzentration und Koordination und aktiviert den Sinn für die Lage und Position des Körpers im Raum, was ganz besonders gut in Kombination mit den Tellington-TTouch®-Körperbändern und den TTouches funktioniert.

Sie benötigen für den Aufbau des Labyrinths sechs Stangen, die Sie wie auf dem Bild gezeigt auslegen. Üben Sie zunächst allein und ohne Ablenkung mit Ihrem Hund. Führen Sie ihn dazu langsam durch den ersten Gang des Labyrinths und bleiben Sie am Ende der ersten inneren Stange stehen. Belohnen Sie Ihren Hund hier mit seinem Lieblings-TTouch oder auch einem Leckerli. Finden Sie Ihre Balance, sprechen Sie Ihren Hund an und gehen Sie dann gemeinsam mit ihm um die Wendung bis zum Ende der nächsten inneren Stange. Wiederholen Sie das bis zum Ende des Labyrinths. Der begrenzte Weg und die Stopp-Punkte helfen Ihrem Hund, sich besser auf Sie, Ihre feinen Signale über die Leine und Ihre freundliche Stimme zu konzentrieren. So wird eine vertrauensvolle Zusammenarbeit gefördert.

Man kann sehr kreativ mit dem Labyrinth arbeiten und es zum Beispiel nutzen, um Begegnungen mit anderen Hunden zu üben. Die vorgegebenen Grenzen vermitteln Ihrem Hund Sicherheit und ermöglichen es ihm, seine Gewohnheiten wie das Anbellen von Artgenossen unter Kontrolle zu bringen und sein Verhaltensmuster zu ändern.

Sie können das Labyrinth auch abwechslungsreich gestalten, indem Sie es mit unterschiedlichen Untergründen auslegen, kleine Stangen zum Klettern einbauen oder einen Schnüffelparcours darin auslegen. Clickerübungen lassen sich ebenfalls gut in die Arbeit im Labyrinth einbauen. Sie werden erleben, wie Ihr Hund bei all dem aufblüht, an Konzentration, Selbstbewusstsein und Koordination gewinnt und wie Ihre Beziehung immer inniger wird.

Wenn Sie das Labyrinth einige Male durchlaufen haben, wird es Ihnen und Ihrem Hund so vertraut sein, dass Sie es auch unterwegs nachahmen können, obwohl Sie keine Materialien dabeihaben, um es aufzubauen. Stellen Sie sich in diesem Fall das Labyrinth vor und schreiten Sie mit Ihrem Hund durch Ihr Gedankenlabyrinth; es wird seine beruhigende Wirkung nicht verfehlen. Ergänzen Sie diese Übung auch durch die Wortsignale, die Sie sonst im Labyrinth verwenden, zum Beispiel „uuuund haaalt" beim Anhalten sowie „uuund weiiiter" beim Loslaufen, kombiniert mit feinen Signalen an der Leine. Nutzen Sie auch das konditionierte Entspannungswort.

Clickertraining für mehr Gelassenheit

In den frühen 1990er-Jahren kam ich durch mein Biologiestudium zum Clickertraining. Schon lange wurde diese Technik des Konditionierens im Training mit Meeressäugern angewandt. Karen Pryor hat sie dann auch für Hunde und andere Tiere bekannt gemacht. Mittlerweile sind alle meine Tiere mit dem Clicker trainiert, dazu zählen neben den Hunden meine Katzen, Kaninchen, Waschbären, Hühner und Schweine. Clickertraining macht allen Beteiligten Spaß und die Lernschritte werden in kleinen, für das jeweilige Tier gut zu verarbeitenden Häppchen präsentiert. Daher passt die Arbeit mit

Clickertraining bringt Freude und ist deshalb für gestresste Hunde sehr zu empfehlen. (Foto: shutterstock.com/Dora Zett)

dem Clicker hervorragend zur Tellington-TTouch®-Methode.

Weil Clickertraining über die Freude und Motivation, die es bewirkt, Einfluss auf das Hormongeschehen im Körper nimmt, ist es gerade für gestresste Tiere sehr zu empfehlen.

Der Hund lernt dabei, zu lernen. Hat er Erfolg und der ersehnte Click ertönt, kombiniert mit einem Lächeln und Begeisterung Ihrerseits, schüttet sein Gehirn Dopamin aus, ein Freudenhormon, das seine Stimmung sofort verbessert. Clickertraining eignet sich also nicht nur gut zum Erlernen neuer Tricks, sondern auch, um den entspannten Umgang mit schwierigen Situationen zu lernen. Daher habe ich hier einige Übungen für Sie zusammengestellt, die sich bei gestressten Hunden als besonders hilfreich erwiesen haben.

EINSTIEG IN DAS CLICKERTRAINING

Ich möchte an dieser Stelle in Kürze die wichtigsten Schritte beschreiben, um Ihnen einen schnellen Einstieg in das Clickertraining zu ermöglichen. Darüber hinaus gibt es zahlreiche sehr gute Bücher und DVDs (siehe Anhang), die sich ausschließlich mit diesem Thema befassen. Das Clickern kann man aber nicht nur durch Lesen lernen. Ich empfehle Ihnen daher, gleich loszulegen. Um Praxis zu bekommen, lohnt sich der Besuch entsprechender Seminare und Übungsstunden. Auch ich habe das Clickern bei hervorragenden Trainern erlernt, darunter Denise Nardelli, die deutsche „Grande Dame" des Clickertrainings. Sie hat die Gabe, diese Methode einfach und strukturiert zu erklären und anzuwenden.

Schritt 1: Beim Clickertraining soll dem Hund das Clickgeräusch im wahrsten Sinne des Wortes schmackhaft gemacht werden. Zeigen Sie Ihrem Hund daher, dass es sich lohnt, mit Ihnen zu arbeiten, indem Sie ihm leckere, etwa erbsengroße Futterstückchen präsentieren (Würstchen, Käse oder Hühnchenbrust sind auf jeden Fall seeehr lecker). Nun betätigen Sie den Clicker, loben Ihren Hund verbal und geben ihm unverzüglich eines dieser köstlichen Geschenke. Halten Sie den Clicker dabei zunächst hinter Ihrem Rücken, damit das Geräusch leiser ertönt, und beobachten Sie Ihren Hund. Wirkt er verunsichert, können Sie den Clicker zunächst in die Tasche stecken und dort betätigen. So wird sein Klang stärker gedämpft.

Wiederholen Sie die Abfolge Click-Lob-Leckerli zehnmal. Sagen Sie dann ein Stoppwort wie „Okay" oder „Pause" und legen Sie eine einige Minuten lange Pause ein. Danach geben Sie Ihrem Liebling mit einem Startsignal wie „Los geht's" oder „Action" zu verstehen, dass es nun weitergeht, und wiederholen die gesamte Sequenz. Nach dieser Einheit reagiert Ihr Hund sicher bereits positiv auf das Clickgeräusch, denn es löst bei ihm Vorfreude auf das Leckerli aus. Dieses Phänomen kennen Sie aus dem Alltag – wenn er das Geräusch der sich öffnenden Kühlschranktür hört, steht Ihr Hund doch bestimmt ganz schnell neben Ihnen, weil er weiß, dass jetzt etwas Leckeres für ihn abfallen könnte. Das Geräusch der Kühlschranktür ist der sogenannte sekundäre Verstärker, es kündigt eine Belohnung an. Dieselbe Funktion hat der Ton des Clickers.

Gemeinsam entspannen bei der Kinn-Übung.
(Foto: Archiv Freiling)

Schritt 2: Zunächst befanden sich die Leckerli direkt vor der Nase Ihres Hundes. Ist er auf den Klang des Clickers konditioniert, kommt das Futter im nächsten Schritt in eine Schale auf dem Tisch oder in eine Futtertasche. Nun lösen Sie das Clickgeräusch aus, lächeln und loben Ihren Hund und greifen erst danach mit der Hand zum Futter und geben es ihm. Dies ist ein sehr wichtiger Schritt, denn Ihr Hund lernt nun, dass sich geduldiges Abwarten lohnt. Er begreift: Immer wenn dieses Geräusch ertönt, kann ich mich darauf verlassen, dass ich eine Belohnung bekomme, auch wenn es mal etwas länger dauert.

Schritt 3: Jetzt ist Ihr Timing gefragt. Exakt in dem Moment, wo der Hund den Blick vom Futter abwendet, lösen Sie das Clickgeräusch aus, loben ihn und geben ihm das Leckerli. Hiermit erzielen Sie, dass Ihr Hund nicht auf das Futter fixiert ist, sondern versteht, dass er etwas tun muss, um die Belohnung zu erhalten (in diesem Fall den Kopf abwenden). Das heißt, Ihr Hund wird Ihrer Führung auch folgen, wenn Sie kein Futter in der Hand haben, weil er sich nun auf das Clickgeräusch konzentriert, das ihm seine Belohnung verspricht.

Herzlichen Glückwunsch! Jetzt haben Sie Ihren Hund erfolgreich an den Clicker gewöhnt und können mit dem Training starten. Stellen Sie sich bei den Übungen am besten vor, Sie wären ein Fotograf, der ein bestimmtes Motiv einfangen will, zum Beispiel bei dem Wortsignal „Sitz" den Moment, in dem der Hundepo den Boden berührt. Das hilft Ihnen, das gewünschte Verhalten präzise „einzufangen".

Bitte vergessen Sie nicht, dass der Clicker nur ein Werkzeug ist, um ein bestimmtes Verhalten zielgerichtet zu bestätigen. Für Ihren Hund ist es wichtig, dass Sie sich ehrlich über seine Erfolge und Mitarbeit freuen und Ihrer Begeisterung Ausdruck verleihen. Der Spaß und die vertrauensvolle Bindung sollten unbedingt an erster Stelle stehen. Beenden Sie die Clickereinheit immer dann, wenn Sie am besten klappt.

KINN-ÜBUNG

Ziel dieser Übung ist es, das der Hund seinen Kopf vertrauensvoll in Ihre Hand legt. Sie eignet sich wunderbar dazu, Ihrem Hund Ruhe zu vermitteln. Verwenden Sie dafür einen leisen Clicker, da Sie nahe am Kopf des Hundes arbeiten.

Halten Sie Ihre nach oben geöffnete Hand vor den Fang Ihres Hundes und nehmen Sie in die andere Hand ein Leckerli. Locken Sie die Hundenase mit dem Leckerli auf Ihre Handfläche und führen Sie anschließend das Leckerli nach unten weg. Wenn Ihr Hund seinen Fang richtig in Ihrer Hand liegen hat, bestätigen Sie ihn mit einem Click und geben ihm das Leckerli.

Bei der Kinn-Übung dreht der Hund seinen Kopf, wodurch seine Halsmuskulatur entspannt und die Durchblutung des Gehirns verbessert wird. Sie ist außerdem eine gute Ausgangsposition für die Tellington-TTouch®-Arbeit am Kopf. Im Tellington-TTouch®-Lernparcours können Sie diese Übung nutzen, um den Hund in für ihn stressigen Situationen, etwa bei Begegnungen mit anderen Hunden, das Beruhigungssignal „Kopfabwenden" ausführen zu lassen. So beruhigt er sich selbst und andere und kann mit der Situation gelassener umgehen.

DECKEN-/BOX-ÜBUNG

Ziel dieser Übung ist es, dass Ihr Hund gerne auf seine Decke oder in seine Box geht und dort liegen bleibt.

Nehmen Sie eine Decke und rollen Sie an einer Seite den Rand etwas auf, damit ein kleiner Wulst entsteht. Sitzt Ihr Hund hinter dem Wulst auf der Decke, clicken Sie und reichen ihm das Leckerli direkt an seiner Position. Werfen Sie nun ein Leckerli als Gratisgeschenk kurz vor die Decke, sodass Ihr Hund nur einen kleinen Schritt mit den Vorderpfoten vor den Wulst machen muss, um es zu erreichen. Ihr Hund wird vermutlich aufstehen und sich das Leckerli holen. Dann wird er sich neugierig umsehen und vermutlich zurückgehen. In dem Moment, wo er die Pfoten wieder hinter dem Wulst hat, clicken Sie und reichen ihm das Leckerli erneut auf der Decke hinter dem Wulst. Wiederholen Sie diesen Ablauf zehnmal. Pausieren Sie dann und fügen Sie anschließend noch zwei weitere Einheiten an, bei denen Sie nach und nach den Abstand des Gratisleckerlis zur Decke erhöhen, den Hund immer weiter von der Decke weglotsen. Schon bald wird er freudig zurück auf die Decke sausen, um sich dort seinen Click und das Leckerli abzuholen. Beenden Sie diese Übung mit einem „Jackpot", das heißt, reichen Sie dem Hund nach dem letzten Click eine äußerst leckere Knabberei, mit der er etwas längere Zeit beschäftigt ist. So können Sie ihm das Liegen auf der Decke zusätzlich versüßen.

Sie können für diese Übung auch die Decke in eine Hundebox legen. Damit haben Sie gleich zwei Fliegen mit einer Klappe geschlagen, denn der Hund lernt nun nicht nur die Decke, sondern auch die Box lieben. Das ist beispielsweise für das Autofahren hilfreich. Die Box bietet einen begrenzten Raum innerhalb des Autos, in dem sich viele Hunde wohler fühlen.

Die Deckenübung eignet sich wunderbar, um Ihrem Hund beizubringen, auf seinen Platz zu gehen und auch dort liegen zu bleiben. Für Letzteres müssen Sie nur den Click immer länger hinauszögern, sodass der Hund auf der Decke wartet, bis der Click erfolgt. Das Liegen an sich entspannt und beruhigt. Wenn Sie genau diese Decke auch als Unterlage für Ihre täglichen Tellington-TTouch®-Behandlungen verwenden, wird Ihr Hund die tolle Clickertrainingsübung und das Wohlbefinden bei der Tellington-TTouch®-Behandlung mit dieser Decke verknüpfen. Von da an kann sie ihm in stressigen Situationen Sicherheit und Stabilität geben. Nehmen Sie die Decke mit, wenn Sie mit dem Auto unterwegs sind, verreisen, zum Tierarzt gehen und so weiter.

SCHLÄFCHEN-ÜBUNG

Ziel dieser Übung ist es, dass Ihr Hund sich hinlegt und auch seinen Kopf entspannt zwischen den Vorderpfoten ablegt.

Wenn Ihr Hund die Kinn-Übung schon beherrscht, können Sie für die Schläfchen-Übung ein farbiges Tuch auf Ihre Hand legen und die Hand damit immer tiefer führen. Clicken Sie wie gehabt für jedes Kopfablegen auf der Hand beziehungsweise dem farbigen Tuch darin. Im nächsten Schritt legen Sie das Tuch zwischen die Pfoten Ihres Hundes, warten, bis er den Kopf darauf ablegt, und clicken hierfür. Führt er diese Übung zuverlässig aus, sagen sie jedes Mal „Schläfchen" oder ein anderes Wortsignal. Vergessen Sie auch nicht, den Click in kleinen Schritten immer weiter hinauszuzögern, damit Ihr

Die Schläfchen-Position bringt Entspannung. (Foto: Archiv Freiling)

Hund lernt, länger liegen zu bleiben. Ihr Hund kommt in dieser Position automatisch zur Ruhe. Hals-, Bauch- und Rückenmuskulatur entspannen sich, die Atmung wird ruhiger. Stresshormone werden reduziert.

Ich brachte diese Übung meinem kleinen Havaneser Aloha bei, der sich angewöhnt hatte, beim Essen energisch zu betteln. Aloha kletterte am Bein hoch, kratzte mit seinem Pfötchen und schnappte nach Leckerbissen. Unser Spiel war dann Folgendes: Er bekam erst etwas, wenn er entspannt und völlig ruhig in der Schläfchen-Position lag. Nun bettelt Aloha auf diese sehr höfliche Art und Weise und keiner merkt etwas davon.

CLICK FÜR BLICK

Ziel dieser Übung ist es, Ihren Hund in einer (noch) ruhigen Grundstimmung zu loben und sein gutes Benehmen zu bestätigen.

Meine lieben Trainerfreunde Rolf und Madeleine Franck unterrichten Click für Blick in ihren Kursen. Es ist ein sehr bewährtes System, um Hunden beizubringen, sich Artgenossen, Fremden, Fahrrädern, Rollstühlen und allen möglichen anderen Dingen gelassen zu nähern. Ich erkläre die Übung hier am Beispiel der Begegnung mit anderen Hunden. Sie funktioniert aber bei Menschen oder Gegenständen genauso.

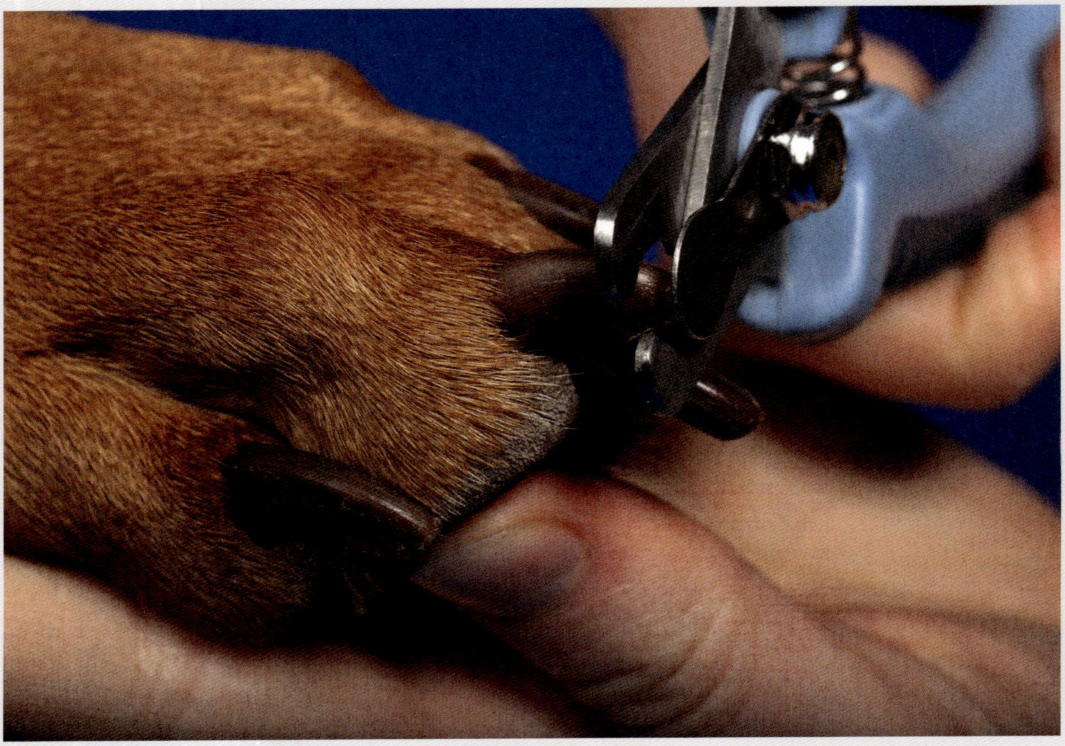

Mit Clickertraining kann man Hunden auch weniger angenehme Dinge wie das Krallenschneiden schmackhaft machen. (Foto: shutterstock.com/Barna Tanko)

Schaut Ihr Hund interessiert in die Richtung eines anderen Hundes, clicken Sie in diesem Moment, loben ihn und geben ihm ein Leckerli. Schaut er erneut hin, wiederholen Sie das. Nun gehen Sie nach und nach näher an den anderen Hund heran und beobachten dabei die von beiden Hunden gesendeten Signale genau. Beenden Sie diese Übung lieber zu früh als zu spät, also auf jeden Fall, bevor einer der Hunde sich unsicher fühlt und beginnt zu bellen.

Durch diese Art der achtsamen Hundebegegnung lernt Ihr Hund, dass es schön ist, wenn er andere Hunde trifft. Sein Gehirn schüttet Wohlfühlhormone aus und Ihr Hund wird bei solchen Begegnungen zunehmend gelassener und sicherer werden. Die Gefahr, dass er anfängt zu bellen und loszustürmen, ist damit gebannt.

Ideal ist es, wenn Sie diese Übung schon im Welpenalter beginnen können, damit Unsicherheit gar nicht erst entsteht. Man kann sie wunderbar im Tellington-Labyrinth durchführen. Das Bogenlaufen und die äußere Begrenzung vermitteln Ihrem Hund noch mehr Sicherheit.

SCHÖNCLICKERN

Ziel dieser Übung ist es, Ihren Hund so positiv wie möglich auf schwierige Situationen, wie die Untersuchung beim Tierarzt, vorzubereiten.

Hat Ihr Hund Probleme damit, an bestimmten Körperteilen berührt zu werden, können Sie diese Berührungen „schönclickern". Den Begriff hat Denise Nardelli geprägt, und auch Rolf Franck unterrichtet diese Methode in seinen Welpentrainings.

Oft sind Hunde an den Pfoten empfindlich und lassen sich dort ungern anfassen. TTouches leisten hier wunderbare Dienste, weshalb Sie sie nutzen sollten, um Vertrauen aufzubauen, indem Sie an einer anderen Stelle mit den TTouches beginnen und sich dann langsam zur Pfote hinarbeiten. Der nächste Schritt wäre nun, dass Sie die Pfote sanft berühren und in diesem Moment clicken, den Hund loben und ihm ein Leckerli reichen. Weiten Sie die Berührung Schritt für Schritt aus, bis Sie die Pfote ganz in Ruhe komplett in die Hand nehmen und untersuchen können.

Mit dem eben beschriebenen Vorgehen können Sie üben, dass Ihr Hund Ihnen erlaubt, seinen gesamten Körper zu berühren und zu untersuchen. Wenn er auf diese respektvolle Weise lernt, dass Berührungen in Ordnung sind und sogar Spaß machen, wird der tatsächliche Besuch beim Tierarzt für ihn zu einem angenehmen Erlebnis.

Ein gutes Beispiel hierfür ist mein kleiner Terrier Malu. Er wurde von einem Hund angegriffen und geschüttelt, wodurch er einen schweren Schock und zwölf tiefe Bisswunden erlitt. Malu ist ein sehr sensibler und berührungsempfindlicher Hund. Ich ging mit ihm zu einer befreundeten Tierärztin und wir behandelten ihn gemeinsam mithilfe von TTouches und Clickertraining. Da Malu das Clickertraining liebt und auch das Berührenlassen am Körper damit gelernt hat, war es trotz des Schocks keine Schwierigkeit, ihn zu untersuchen. Er brauchte auch keine Narkose für die Röntgenaufnahme. Wir brachten ihn innerhalb von wenigen Minuten über das Clickertraining in die richtige Position und erhielten sehr gute Aufnahmen. Es zeigte sich, dass erstaunlicherweise bis auf den Penisknochen nichts gebrochen war. Wir waren alle sehr dankbar für die tollen Methoden, da wir meinem kleinen Schatz so weiteren Stress ersparen konnten.

HANDTARGET-ÜBUNG

Ziel dieser Übung ist es, dass Ihr Hund Ihre Hand mit seiner Nase berührt.

Halten Sie die ausgestreckte Hand vor die Nase Ihres Hundes. Vermutlich wird er daran schnüffeln. Genau in dieser Sekunde clicken Sie, loben und belohnen Ihren Hund. Wiederholen Sie das zehnmal und verändern Sie dabei immer wieder die Position Ihrer Hand.

Ihr Hund lernt bei dieser Übung, dass es sich lohnt, auf die Hand zu schauen. So können Sie ihm helfen, den Kopf abzuwenden, also ein Beruhigungssignal auszusenden, etwa wenn sich ein anderer Hund, ein Jogger oder ein Radfahrer nähert und Ihr Hund diesen fixiert oder unruhig wird. Allein das Drehen des Kopfes beruhigt Ihren Hund. Sie kön-

Der Slalom ist eine entspannende Übung. (Foto: Archiv Freiling)

nen den Beruhigungseffekt noch verstärken, indem Sie nach dem Anstupsen der Hand die Kinn-Übung abfragen.

RUND-ÜBUNG

Ziel der Übung ist, dass Ihr Hund sich einmal im Kreis um sich selbst dreht. Ihr Hund sollte die Handtarget-Übung bereits kennen. Halten Sie Ihre Hand vor die Nase Ihres Hundes und führen Sie sie dann auf Höhe seines Rückens in Richtung Rutenansatz. Folgt der Hund Ihrer Hand mit dem Kopf bis zur Schulter, clicken Sie und belohnen ihn. Beim nächsten Mal clicken Sie erst, wenn der Kopf auf Höhe der Rippen ist, dann auf Höhe des Rutenansatzes, und beim nächsten Versuch kann der Hund sich meist schon ganz herumdrehen. Bei dieser Übung biegt und dehnt der Hund seine Rippenmuskulatur, was die Koordination und die Atmung unterstützt. Das Vertrauen wird automatisch gestärkt, denn Ihr Hund muss viel Mut aufbringen, um sich so dicht an Ihrem Körper zu bewegen.

BÖGEN LAUFEN

Tricks, bei denen Ihr Hund Bögen laufen muss, etwa der Slalom um Ihre Beine oder das Um-Sie-Herumlaufen, machen viel Spaß und eignen sich wunderbar zur Entspannung. Automatisch führt Ihr Hund hierbei nämlich das entsprechende Beruhigungssignal aus, was ihn und sein Gegenüber entspannt. Sie können Ihrem Hund solche Tricks leicht beibringen, indem Sie ihn mithilfe des Handtargets führen. Beim Bögenlaufen wird die Rippenmuskulatur gelockert, was die Atmung erleichtert, und die inneren Organe werden massiert und aktiviert. Der Körper streckt und biegt sich, was zu einer verbesserten Koordination führt und ihn insgesamt geschmeidiger macht. Das wirkt sich entspannend auf das Gemüt aus.

Entspannung konditionieren

Es ist sinnvoll, die Situationen, in denen Ihr Hund entspannt ist, mit bestimmten Eindrücken für die verschiedenen Sinne zu verknüpfen, etwa Musik, Düfte, ein bestimmtes Wort oder Ähnliches. So können Sie Entspannung konditionieren, das heißt, dass nach einiger Zeit die Eindrücke an sich schon eine entspannende Wirkung haben.

AKUSTISCHE KONDITIONIERUNG

Spielen Sie während der Tellington-TTouch®-Behandlung leise, entspannende Musik ab, die Ihnen und Ihrem Hund guttut. Sehr bewährt hat sich klassische Musik mit einem Tempo von 60 Taktschlägen pro Minute. Das sind Stücke, die Namen tragen wie Largo, Andante und Adagio. Ich empfehle Bach, Vivaldi oder Händel. Die körpereigenen Frequenzen haben die Tendenz, sich äußeren Frequenzen anzupassen; so kommt Ihr Herzschlag und damit auch der Ihres Hundes automatisch zur Ruhe und Sie beide können sich entspannen. Die Musik hat außerdem einen harmonisierenden Effekt auf den *Lobus praecentralis* im Gehirn.

Gewöhnen Sie sich außerdem an, immer, wenn Ihr Hund richtig schön entspannt ist, ein bestimmtes Wort zu sagen. Summen Sie dieses Wort zum Beispiel vor sich hin, wenn Ihr Hund beim Tellington TTouch® wirklich entspannt und ruhig die Berührungen Ihrer Hände genießt. Ich liebe das englische Wort „Easy", das Linda

Entspannen kann zum Ritual werden. Dabei hilft auch ein immer gleiches Entspannungswort. (Foto: Archiv Freiling)

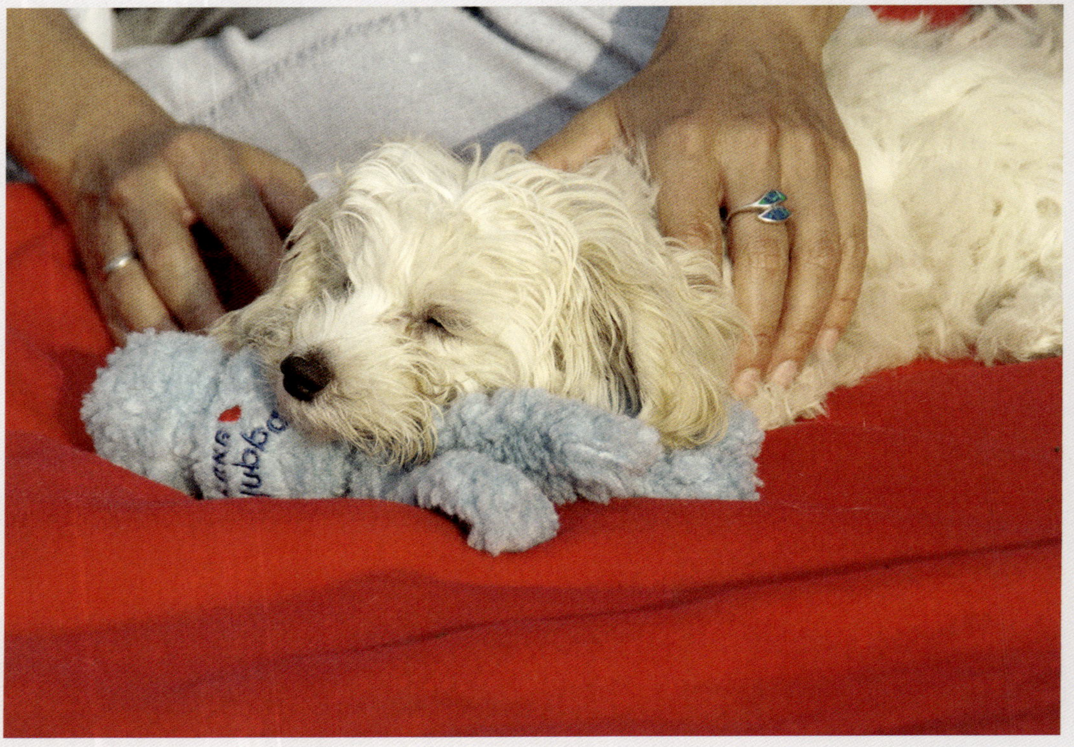

Es ist praktisch, wenn der Hund schon von klein auf eine bestimmte Decke mit Entspannung verbindet. (Foto: Archiv Freiling)

Tellington-Jones schon seit 40 Jahren dafür benutzt. Easy bedeutet leicht, locker, einfach und es klingt so schön freundlich, vor allem, wenn man es bewusst in die Länge zieht: „Iiiiiihhhhhhsiiiiiihhhh". Ein lang gezogenes „Ruuuhig", „Schlaaaaafen" oder auch „Ooooo-ommmm" bieten sich aber ebenso an. Wählen Sie ein Wort, mit dem Sie sich wohlfühlen und das für Sie absolute Entspannung ausdrückt.

Wenn der Hund während seiner Entspannungsphase immer wieder die gleiche Musik und das gleiche Wort hört, verbindet er automatisch das angenehme Körpergefühl damit. So können Sie beides später in stressigen Situationen nutzen, um Ihren Liebling zu beruhigen.

PHYSISCHE KONDITIONIERUNG

Bieten Sie Ihrem Hund zur Entspannung immer die gleiche Decke an, die Sie ihm mit der Decken-Übung aus dem Abschnitt „Clickertraining für mehr Gelassenheit" schmackhaft machen können. Diese Decke kann Ihnen später gute Dienste leisten, indem sie Ihrem Hund auf Reisen, im Restaurant und an vielen anderen Orten Ruhe und Geborgenheit vermittelt.

Auch die Dinge aus dem Tellington-TTouch®-Equipment wie die Körperbänder, die Kopfbandage, das Schnauzband oder ein bestimmtes Geschirr, Halstuch oder Halsband können durch die regelmäßige Verwendung bei den Tellington-TTouch®-Einheiten mit dem angenehmen Gefühl der Entspannung verknüpft werden. In stressigen Situationen helfen sie Ihrem Hund dann, sich an dieses Gefühl zu erinnern, und vermitteln ihm auf diese Weise Geborgenheit.

Die gezielten und sanften Tellington TTouches® selbst werden bei regelmäßiger Anwendung ebenfalls zum Signal für Entspannung. Zudem helfen sie, wie bereits erwähnt, in Stresssituationen direkt, indem sie die Ausschüttung von Stresshormonen reduzieren, den Oxytocinspiegel ansteigen lassen, ausgleichend auf Blutdruck und Herzfrequenz wirken und für die Herzkohärenz sorgen. Dadurch kann der Hund wieder denken, was ihn in die Lage versetzt, sich gelassener und angepasster zu verhalten.

Besonders bewährt hat sich Noahs Marsch, das langsame Abstreichen, das schon am Fang begonnen und dann über den gesamten Rücken bis zur Rute ausgeführt werden kann. TTouches am Kopf sind ebenfalls hilfreich, weil sich dort viele beruhigend wirkende Akupunkturpunkte befinden. Auch das Abstreichen der Rute ist günstig. Sie kann damit in eine neutrale, die Entspannung fördernde Position gebracht werden. Der Quallen-TTouch, der das leichte Vibrierenlassen der Haut beinhaltet, ist hierfür empfehlenswert, weil vibrierende Bewegungen die Oxytocinausschüttung fördern.

OLFAKTORISCHE KONDITIONIERUNG

Wählen Sie aus den im Abschnitt „Aromaöle" vorgestellten Ölen eines aus, das Sie und Ihr Hund mögen. Sehr bewährt hat sich die Mischung „Peace & Calming". Verreiben Sie einen Tropfen in Ihrer Hand, bevor Sie Ihrem Hund die Ohren ausstreichen. Sie können auch einige Tropfen in eine Aromalampe geben, hier entfaltet das Öl noch schneller seine Wirkung. Die beruhigende Wirkung des Thundershirt®, einer Körperbandage oder der Entspannungsdecke kann ebenfalls durch Beträufeln dieser Dinge mit dem Aromaöl intensiviert werden.

Gerüche und Emotionen werden sehr intensiv miteinander verknüpft, sodass sich Ihr Hund künftig sicher an das angenehme Gefühl der Entspannung erinnern wird, wenn er den gewählten Geruch wahrnimmt.

ANWENDUNG DER KONDITIONIERTEN ENTSPANNUNGSSIGNALE

In stressigen Situationen hilft es häufig, wenn Sie Ihren Hund sanft einrahmen, ihn mit Noahs Marsch abstreichen und dabei Ihr Entspannungswort sagen. Achten Sie darauf, es wirklich genauso ruhig auszusprechen wie in der Entspannungsphase. Gerade wenn Sie das Wort ein wenig in die Länge ziehen und eher summen statt sprechen, atmen Sie beim Aussprechen aus. Das tut auch Ihnen gut, denn in brenzligen Situationen ist es besonders wichtig, dass Ihr Atem im Fluss bleibt.

Ist der Hund zu nervös, als dass Sie ihn berühren könnten, führen Sie bei sich den

Sanftes Einrahmen beruhigt und vermittelt Sicherheit. (Foto: Archiv Freiling)

Herz-TTouch aus. Manche Hunde beruhigen sich, wenn der Fokus von ihnen weggelenkt wird. Konzentrieren Sie sich in solchen Momenten also ganz auf sich selbst, stellen Sie sich vor Ihrem geistigen Auge vor, wie Ihr Hund zur Ruhe kommt, und summen Sie dabei das Entspannungswort.

Ist Ihr Hund ansprechbar, bieten Sie ihm auf jeden Fall ein Alternativverhalten an, indem Sie ihn seinen Lieblingstrick ausführen lassen oder mit ihm durch das Gedankenlabyrinth gehen. Wenden Sie danach seine Lieblings-TTouches an und wiederholen Sie das Entspannungswort in dieser nun entspannten Situation. So verknüpft er das Wort nicht mit dem stressigen Erlebnis, sondern mit der folgenden Entspannung, wodurch es für weitere Stresssituationen „betriebsbereit" bleibt.

Bei stressigen Situationen, die Sie voraussehen können, wie zum Beispiel Besucher bei Ihnen zu Hause oder ein Tierarzttermin, können Sie je nach Gelegenheit auch die anderen Elemente, die Sie bei Ihren Entspannungssitzungen konditioniert haben, anwenden. Geben Sie zu Hause das Lieblingsaromaöl Ihres Hundes in die Duftlampe und lassen Sie leise, entspannende Musik laufen. TTouches vor der Ankunft der Besucher und auch während diese im Haus sind, wirken ebenfalls beruhigend. In der Tierarztpraxis können Sie den Hund auf seiner Entspannungsdecke abliegen lassen und mit TTouches behandeln.

„Lieblieblieb"

Das sage ich gern und mit ganz viel Erfolg bei Hundebegegnungen. Es hilft mir, die richtigen Bilder im Kopf zu visualisieren und normal weiterzuatmen. Es klingt freundlich, wodurch ein vorher angespannter Hund lockerer und fröhlicher wird. Das klappt sehr zuverlässig bei allen eigenen Hunden und Pflegehunden. Auch viele meiner Kunden berichten mir von positiven Erfahrungen.

Die Farben, die den Hund umgeben, können seine Stimmung beeinflussen. (Foto: Shutterstock.com/Dora Zett)

Wie Farben auf den Körper wirken

Farben sind rein physikalisch betrachtet Frequenzen von Lichtwellen, die auf unser Auge treffen. Diese Frequenzen wirken auch auf die Haut. Sie werden über sensible Nervenfasern an die Organe und das Nervensystem weitergeleitet. Jede Frequenz löst eine andere Körperreaktion aus.

Bei einem meiner Tellington-TTouch®-Kurse für Blinde und ihre Führhunde trug eine erblindete Dame immer sehr fein farblich abgestimmte Kleidung. Ich fragte sie, wie sie in ihrem Koffer die passenden Kleidungsstücke und Accessoires finden würde. Sie antwortete, dass sie die Farben fühlen kann. Rot fühlt sich für sie warm an, blau kühl und so weiter. Das fand ich faszinierend und es führte dazu, dass ich mich noch intensiver mit den Farben und ihrer Wirkung beschäftigte. Diese Wirkung spiegelt sich sogar in unserer Sprache: Wenn wir „grünes Licht geben" heißt das zum Beispiel, dass wir mit etwas einverstanden sind. Wenn wir hingegen „rot sehen", bringt das unsere Empörung zum Ausdruck.

Farben und Licht werden schon lange erfolgreich zu therapeutischen Zwecken eingesetzt, etwa zur Behandlung von Winterdepressionen. Betroffenen hilft die Bestrahlung mit warmem, gelbem Licht. Auch den sanften, orangefarbenen Ton einer Salzkristalllampe empfinden viele Menschen als sehr angenehm, nicht nur solche, die sich in einem Stimmungstief befinden. Er zaubert generell eine gemütliche Atmosphäre.

In meiner Praxis nutze ich den Einfluss der Farben, indem ich Körperbandagen, Hundedecken, Halsbänder, Geschirre, Halstücher, Näpfe und Leinen bewusst je nach Situation in bestimmten Farben verwende. Auch farbige Leuchtmittel oder Betttücher können zum Einsatz kommen, um die Umgebung des Hundes in einer für ihn günstigen Farbe zu gestalten. Im Folgenden möchte ich Ihnen einen kurzen Überblick über die Wirkung der einzelnen Farben geben.

Rot hat eine Wellenlänge von 790 bis 630 Nanometern. Es bringt mehr Temperament und Energie, wärmt und regt den Stoffwechsel an. Rot ist gut für Hunde, die sich aufgegeben haben und lethargisch wirken.

Vorsicht ist geboten bei sehr ängstlichen, hyperaktiven und aggressiven Hunden, da Rot diese Zustände verstärkt. Ein Hund, der „rot sieht", ist kein sicherer Hund mehr.

Indikationen: verletzte, jedoch nicht entzündete Extremitäten, Gleichgewichts- und Kreislaufstörungen, Muskelverspannung (hier hilft eine Infrarotlampe), schlaffe Lähmungen nach einem Bandscheibenvorfall, Lethargie.

Orange hat eine Wellenlänge von 630 bis 580 Nanometern. Es sorgt für Gemütlichkeit, Herzenswärme, Verständnis und Entspannung. Außerdem fördert es die Neugierde und vermittelt Sicherheit und Geborgenheit. Darüber hinaus wirkt Orange appetitanregend. Zusammen mit anderen Erdtönen wie Terrakotta, Braun und warmem Rotbraun schafft es eine behagliche Atmosphäre.

Indikationen: Appetitmangel, Lustlosigkeit, geschwächtes Immunsystem, Probleme mit Leber, Bauchspeicheldrüse, Lunge oder Gesäuge.

Gelb hat eine Wellenlänge von 580 bis 560 Nanometern. Es strahlt Lebensfreude pur aus, fördert Frohsinn und Gelassenheit sowie das Denken, das Lernen und die Konzentration. Hunde können Gelb zudem sehr gut sehen.

Indikationen: Lernblockaden, Enttäuschungen, Depressionen, Heimweh, Fruchtbarkeitsstörungen, Probleme mit Darm, Niere, Blase, Magen oder Augen.

Grün hat eine Wellenlänge von 560 bis 480 Nanometern. Es ist die Farbe der Beruhigung, der Entspannung und der Hoffnung. Grün umgibt uns überall in der Natur. Es reguliert Herz- und Atemfrequenz, fördert den inneren Frieden und hilft Hunden, sich an Veränderungen anzupassen.

Indikationen: Herz- und Atemprobleme, chronisch entzündete Muskeln, Angst (bei Gewitter, an Silvester, vor anderen Hunden ...), Unruhe, Hyperaktivität, Unsicherheit, Nervosität und fehlende Balance.

Blau hat eine Wellenlänge von 480 bis 420 Nanometern. Es kühlt und beruhigt erhitzte Gemüter. Zudem wirkt es zentrierend und klärend und fördert die Kommunikation, also auch das Verständnis zwischen Ihnen und Ihrem Tier.

Indikationen: entzündliche Prozesse bei Spondylose und Hüftgelenkdysplasie, Abszesse, Hals-, Augen- und Ohrenentzündungen, Haarausfall, heftiges Kratzen, Aggression, Hyperaktivität und Verschlossenheit.

Violett hat eine Wellenlänge von 420 bis 390 Nanometern. Es fördert Ruhe, Ausgeglichenheit, Optimismus und Verständnis. Es kann Schmerzen lindern und hilft, eine vertraute Beziehung aufzubauen. Violett ist eine wunderbare Farbe für alte Tiere.

Indikationen: Heilungsvorgänge im Allgemeinen, Schlaflosigkeit, Unruhe, Angstzustände, Depressionen, Arthrose.

Fallbeispiel: Eine Vorliebe für Violett

Die kleine Pudelhündin Schnecke kam im Alter von 18 Jahren schwer verletzt zu mir. Die Besitzerin hatte versucht, sie zu erschlagen, weil sie völlig überfordert war. Schneckes Kiefer war gebrochen und wurde operiert. Danach nahm ich sie in unser Rudel auf. Damals war die Farbe Violett gerade in Mode. Mir fiel auf, dass sich die kleine Schnecke immer gezielt zu den Menschen begab, die violett gekleidet waren. Ich machte einen Test und legte zwei gleichwertige Hundedecken nebeneinander, eine in Grün und die andere in Violett. Schnecke ging immer wieder gezielt auf die violette Decke. Später hatte sie ihre gesamte Ausstattung Halsband, Geschirr, Leine, Hundebox komplett in Violett. Schnecke wurde glücklich 21 Jahre alt und schlief zum Schluss friedlich in ihrem violetten Körbchen ein.

Violett beruhigt und kann Heilungsvorgänge unterstützen. (Foto: shutterstock.com/KPG_Payless)

Hilfen aus der Natur

Bestimmte Heilpflanzen werden seit Jahrhunderten zur Therapie von Nervosität und Unruhe eingesetzt, und auch in der Homöopathie und unter den Bachblüten finden sich viele bewährte Mittel, die teils sogar in Notfällen und bei Schockzuständen hilfreich sein können. Sehr günstig wirken sich außerdem die bereits mehrfach erwähnten beruhigenden Aromaöle aus. Im Folgenden finden Sie eine Auswahl von Mitteln, mit denen ich bei Hunden im Allgemeinen gute Erfahrungen gemacht habe. Es kann sinnvoll sein, einen erfahrenen Heilpraktiker zurate zu ziehen, der Ihnen auf Ihren Hund und seine Situation abgestimmte Mittel empfehlen kann. Bitte beachten Sie auch, dass all diese Mittel nur eine Unterstützung sein können und im Ernstfall nicht den Tierarzt ersetzen.

PFLANZLICHE MITTEL/PHYTOTHERAPIE

Baldrian (*Valeriana officinalis*): Baldrian ist DIE Entspannungspflanze. Baldrian beruhigt und entspannt, ohne schläfrig zu machen. Bitte verabreichen Sie Baldrian nicht in Tablettenform, weil Tabletten häufig Zucker enthalten, was der Gesundheit unserer Hunde nicht zuträglich ist. Ich verabreiche üblicherweise Kapseln, die aus einer Mischung von Baldrian und Hopfen bestehen, zum Beispiel das Produkt „Nachtruhe" von Abtei. Wenn Sie diese in etwas Leberwurst, Hackfleisch oder Käse verstecken, wird Ihr Hund seine Medizin lieben. Ausgezeichnet ist auch die Mischung „Valeriana Comp." von Ceres.

Zitronenmelisse (*Melissa officinalis*): Melisse wirkt sanft entspannend. Sie können sie frisch geschnitten ins Futter geben oder einen Tee daraus zubereiten und diesen unter das Futter mischen.

Gemeiner Hafer (*Avena sativa*): Urtinktur aus Gemeinem Hafer stabilisiert das Nervenkostüm und hilft daher ganz wunderbar bei zu viel Unruhe, egal, ob diese sich in aggressiven Tendenzen oder in Angst bis hin zu Panik äußert. Geben Sie zweimal täglich vier Tropfen bei einem kleinen Hund und zweimal täglich acht Tropfen bei einem großen Hund.

Lavendel (*Lavandula angustifolia*): Lavendel wird in der Humantherapie mit zunehmendem Erfolg gegen Depressionen eingesetzt. Sie können ihn als Tee zubereiten und mit dem Futter verabreichen oder auch die klein geschnittene frische oder zerbröselte getrocknete Pflanze unter das Futter mischen. Ein gestrichener Teelöffel reicht aus. Sie erhalten Lavendel außerdem in konzentrierter Form als Kapseln.

HOMÖOPATHISCHE MITTEL

Opium C 200 empfehle ich nach Schock und Schreckerlebnissen, auch wenn diese lange zurückliegen. Das Mittel passt gut zu den Bachblüten Walnut, Star of Bethlehem und Rescue Remedy

Arnica C 200 ist ein sehr gutes Mittel nach Schockerlebnissen, die mit Verletzungen einhergehen, und auch nach Operationen oder Prellungen.

Aconitum C 200 hat sich als akutes Schockmittel sehr gut bewährt.

BACHBLÜTEN

Mit Bachblüten konnte ich in meiner Praxis bei gestressten Hunden hervorragende Ergebnisse erzielen. Für eine eigene Bachblütenmischung geben Sie jeweils zwei Tropfen der von Ihnen ausgewählten Bachblüten in ein 30-Milliliter-Fläschchen, das Sie anschließend mit Wasser auffüllen. Lagern Sie diese Mischung im Kühlschrank und verabreichen Sie Ihrem Hund bei chronischem Stress über einen Zeitraum von vier Wochen viermal täglich vier Tropfen. Diese häufige und regelmäßige Gabe ist wichtig, um die gewünschte Wirkung zu erzielen. Nach einer einwöchigen Pause können Sie gegebenenfalls eine neue Mischung zusammenstellen, die Sie wieder über einen Zeitraum von vier Wochen verabreichen. Bei großem Stress, etwa bei starker Angst an Silvester oder bei Gewittern, bei Tierarztbesuchen oder nach einer Operation, sollten Sie alle zwei bis fünf Minuten ein bis zwei Tropfen geben. Eine Überdosierung von Bachblüten ist nicht möglich.

Aus den im Folgenden genannten Bachblüten können Sie problemlos selbst eine individuelle Mischung für Ihren Hund zusam-

Bachblüten können mithilfe des Ohren-TTouches in die Ohren eingearbeitet werden. (Foto: Archiv Freiling)

menstellen. Ihr Bauchgefühl ist dabei Ihr bester Berater. Sollten Sie dennoch Schwierigkeiten haben, die passende Mischung zu finden, fragen Sie einen erfahrenen Therapeuten um Rat.

Bachblüten können Sie oral verabreichen, indem Sie sie direkt aus einer Pipette auf die Mundschleimhaut tropfen. Es hat sich darüber hinaus bewährt, die Bachblüten auf die Fingerspitzen zu tropfen und dann über den Maul-TTouch in die Mundschleimhaut einzuarbeiten. Auch das Einarbeiten der Bachblüten in die Ohren mithilfe des Ohren-TTouch kann in besonderen Stresssituationen, beispielsweise bei Gewitterangst, äußerst hilfreich sein. Eine weitere Möglichkeit ist es, die Tropfen auf einen halben Teelöffel Sahne zu geben. Sie bilden mit der Sahne eine Emulsion, die von Ihrem Hund sicher gern abgeschleckt wird und zudem sehr gut über die Mundschleimhaut aufgenommen werden kann. Die Bachblüten auf Halsband oder Halstuch zu träufeln oder über TTouches in die Haut des Hundes einzumassieren, sind weitere Möglichkeiten. Für eine intensivere Wirkung können Sie zusätzlich vier Tropfen der Bachblütenmischung in eine Duftlampe oder einen Diffuser geben.

Rescue Remedy ist eine bereits fertige Notfallmischung, die aus den fünf Einzelblüten Rock Rose, Star of Bethlehem, Cherry Plum, Impatiens und Gentian besteht. Sie hilft bei allen Arten von Aufregung und Unruhe und, wie es der Name schon sagt, auch in echten Notfällen. Bei großer Panik können Sie alle ein bis zwei Minuten ein bis zwei Tropfen beziehungsweise einen Sprühstoß verabreichen. Ich habe immer die Bachblüten zum Sprühen bei mir. Der feine Nebel verteilt sich sehr gut und wird über die Nasenschleimhaut gut aufgenommen. Kombinieren Sie im Notfall die Ohren-TTouches mit den Rescue-Remedy-Tropfen. Damit können Sie bei Tieren im Schockzustand die Zeit überbrücken, bis Sie beim Tierarzt sind. Beides hilft, den Kreislauf zu stabilisieren, was die wichtigste Maßnahme bei einem Schock ist. Die Firma Phytomed vertreibt ein hervorragendes alkoholfreies Notfallspray mit den gleichen Inhaltsstoffen.

Tipp

In eine Grundmischung gebe ich immer vier Tropfen Rescue Remedy, zwei Tropfen Star of Bethlehem und zwei Tropfen Scleranthus. Dazu kommen dann individuell für den jeweiligen Hund gewählte Bachblüten. Diesen Tipp habe ich von einem erfahrenen Bachblütentherapeuten aus dem Bach Centre in England. Er erklärte mir, dass Star of Bethlehem, der Seelentröster, für jedes Lebewesen wichtig sei, dass Scleranthus dem Organismus hilft, die anderen Blüten besser aufzunehmen, und die Notfallblüten ebenfalls immer eine gute Wahl für die Grundmischung seien, um die Verarbeitung eventueller Notfallsituationen, die der Hund bis zum Zeitpunkt der ersten Bachblütengabe schon erlebt hat, positiv zu beeinflussen.

Aspen hilft bei unbestimmten Ängsten, großer Empfindlichkeit und Schreckhaftigkeit. Hunde, für die sich diese Bachblüte eignet, bleiben nicht gern allein und neigen zur Zerstörungswut, wenn sie überfordert sind.

Mimulus hilft bei bestimmten Ängsten, zum Beispiel bei Angst vor Geräuschen, vor dem Tierarzt, vor schwarzen Hunden und so weiter. Sie eignet sich für Hunde, die skeptisch und nervös wirken und dazu neigen, sich beängstigenden Situationen durch Flucht zu entziehen.

Rock Rose hilft bei ganz großer Angst oder sogar Panik (deutlich erkennbar an weit aufgerissenen Augen, starkem Hecheln, großer Unruhe).

Star of Bethlehem ist der Seelentröster. Diese Bachblüte ist optimal nach Schockerlebnissen und schmerzhaften Erfahrungen, egal ob körperlich oder psychisch und unabhängig davon, wie lange sie zurückliegen. Hunde, denen Star of Bethlehem hilft, wirken resigniert und verweigern ihr Futter, wenn sie ängstlich sind.

Cherry Plum hilft bei überschießenden Reaktionen. Das ist die Bach Blüte für Angstbeißer, die erst rückwärtsgehen und dann im nächsten Moment angreifen.

Scleranthus gilt als eine der Grundblüten und ist ein sinnvoller Bestandteil der ersten Bachblütenmischung, die Sie Ihrem Hund verabreichen. Sie hilft generell bei Gemüts- und Stimmungsschwankungen und bei insgesamt sehr unausgeglichenen Hunden.

Walnut ist gut für Hunde, die Probleme mit der Anpassung an Neues haben, und hilft generell, mit Umstellungen klarzukommen, etwa bei Ankunft eines neuen Familienmitglieds oder bei einer Urlaubsreise.

Larch gibt Selbstsicherheit und stärkt das Selbstvertrauen.

Gentian ist die Gelassenheitsblüte. Sie hilft Hunden, die gegenüber allem Neuen sehr misstrauisch sind und durch Zurechtweisungen völlig aus der Bahn geworfen werden.

Impatiens ist gut für ungeduldige, gereizte oder/und hyperaktive Hunde. Sie eignet sich auch für Hunde, die beim Hundesport sehr aufgeregt sind.

Beech sorgt für Toleranz und Akzeptanz. Sehr gute Erfolge lassen sich damit auch bei Hunden erzielen, die unsauber sind, wenn sie allein bleiben müssen.

Red Chestnut hilft Hunden, die ihre Besitzer und ihr Zuhause etwas zu pflichtbewusst bewachen.

Holly ist gut für Hunde, die zur Aggression neigen, und hilft auch bei Eifersucht und Unverträglichkeit mit anderen Hunden und mit Menschen, bei denen es zu Angriffen mit Schnappen und Beißen kommt.

Hunde haben einen ausgeprägten Geruchssinn und sprechen gut auf geeignete Aromaöle an.
(Foto: Archiv Freiling)

AROMAÖLE

Die Aromatherapie ist als sinnvoller und wissenschaftlich überprüfbarer Bestandteil der Phytotherapie anzusehen (vgl. Markus Kasper/Andreas Zohmann). Ätherische Öle sind besonders gut für gestresste Hunde, da sie Einfluss auf das limbische System und damit auf die Emotionen und Gefühle des Tieres nehmen. Der Duft des jeweiligen Öls fördert das Wohlbefinden und unterstützt Heilungsprozesse.

Ätherische Öle entfalten ihre Wirkung sehr schnell und lassen sich auf zwei Arten verwenden. Sie können sie entweder bei der Tellington-TTouch®-Behandlung in die Haut der Ohren und/oder der Pfotenballen einreiben oder sie vom Hund inhalieren lassen, indem Sie einen bis drei Tropfen auf ein Halstuch geben oder in einer Duftlampe oder einem Diffusor verdampfen.

Bitte achten Sie bei den verwendeten Ölen auf eine gute Qualität. Es sollten naturreine Öle sein, was Sie am Aufdruck „100 Prozent naturrein", „100 Prozent biologisch" oder „100 Prozent naturbelassen" erkennen können.

Um den richtigen Duft zu finden, riechen Sie zunächst selbst an dem Öl, denn auch Sie sollten den Duft entspannend finden. Halten Sie dann Ihre Hände, auf die Sie etwas Öl geträufelt haben, so, dass Ihr Hund daran schnuppern kann. Mein Sheltierüde Ohia badet förmlich in meinen Händen, wenn ich den passenden Duft für ihn herausgesucht habe. Er reibt sich dann wieder und wieder an meinen Händen und kann gar nicht genug bekommen. Das ist natürlich eine sehr eindeutige Reaktion. Ein gutes Zeichen ist es aber auch schon, wenn der Hund sich entspannt neben Sie legt.

Im Folgenden habe ich einige empfehlenswerte Öle zusammengestellt. Besonders bewährt haben sich Duftmischungen.

Peace & Calming eignet sich hervorragend zur Beruhigung bei Angst, Angstaggression, Hyperaktivität, beim Tierarztbesuch, an Silvester, bei Stress im Auto oder in ähnlichen Situationen. Am besten wirkt dieses Öl, wenn es über die Ohren-TTouches in die Ohren und zusätzlich am Halsbereich eingearbeitet oder über die Duftlampe oder den Diffuser verdampft wird. Sie können auch einige Tropfen auf die Decke oder den Lieblingsplatz Ihres Hundes geben.

Fallbeispiel: Entspanntes Silvester

Vervain, eine entzückende Pyrenäen-Schäferhündin, kam über Silvester zur Pflege zu uns. Sie war schon recht nervös, da sie sich in der Stadt bereits vor zu früh gezündeten Böllern erschreckt hatte. Ihre Nervosität äußerte sich durch Bellen. Ich gab vier Tropfen Peace & Calming in den Diffuser und es dauerte nur etwa fünf Minuten, bis sie sich beruhigte und in ihrer Box einschlummerte. Die Knallerei am Silvesterabend hat sie verschlafen und am nächsten Tag ging sie entspannt und fröhlich wieder nach Hause.

Stress Away ist günstig, wenn Ihr Hund neue oder aufregende Situationen erlebt, zum Beispiel einen Seminarbesuch, Prüfungen, Turniere, Auftritte, Urlaub in fremder Umgebung oder die Familienfeier im eigenen Haus. Tragen Sie das Öl auf Ihre Fingerspitzen auf und bringen Sie es mit sanften Waschbär-TTouches auf die Pfotenballen auf. Sie werden merken, dass Ihr Hund anschließend sicherer und koordinierter läuft.

Römische Kamille kann man sehr gut über die Maul-TTouches rund um den Fang des Hundes auftragen. Dieser Geruch hilft Tieren, die oft die Zähne zusammenbeißen und dadurch einen sehr verspannten Kiefer haben. Oft wirken solche Hunde Artgenossen gegenüber mürrisch und übellaunig.

Sandelholz hilft sehr gut bei Nervosität und eignet sich beispielsweise für Hunde, die viel bellen oder einen erhöhten Putz- und Pflegetrieb (Leckekzem) haben. Dieses Öl wirkt wunderbar beruhigend und harmonisierend und sorgt für eine sehr angenehme Atmosphäre. Bei Leckekzemen hat es sich bewährt einen Tropfen Sandelholz und einen Tropfen Lavendel auf die Fingerspitzen zu geben, diese beiden Öle zu verreiben und dann das Ekzem mit sanften Bär-TTouches (die wie Waschbär-TTouches ausgeführt werden, nur dass hier auch die Fingernägel zum Einsatz kommen) zu behandeln.

Lavendel hilft bei Schlafstörungen, Unruhe und Ängsten. Auch bei Hunden, die depressiv wirken, zum Beispiel nach dem Verlust eines zwei- oder vierbeinigen Partners, hat sich das Öl aus der Provence hervorragend bewährt. Lavendel wirkt zudem konzentrationsfördernd und eignet sich daher wunderbar zum Einsatz während der Arbeit im Tellington-TTouch®-Lernparcours. Auch Körperbandagen oder ein Thundershirt® können Sie mit einem bis drei Tropfen Lavendelöl benetzen.

Rose besänftigt mit ihrem lieblichen Duft jedes Gemüt. Speziell wenn Ihr Hund zum Schnappen und Zwicken neigt, kann Rosenöl zu einer Verbesserung der Situation beitragen. Das Öl lässt sich sehr gut mit Lavendel kombinieren. Ist Ihnen der Duft der Rose zu kostspielig, können Sie ihn durch Rosengeranie ersetzen. Zwei Tropfen auf ein Schnauzband geträufelt, können Wunder wirken. Geben Sie das Öl auf den Bereich des Schnauzbandes, der um den Hals des Hundes wird, damit der Duft nicht zu dicht an der Nase ist.

Vanille hilft mit ihrem weichen Duft ängstlichen und aufgeregten Hunden, ruhiger und gelassener zu werden. Sie können das Öl auch gut auf das Thundershirt® auftragen.

Ylang Ylang ist ein exotischer Duft, der aus den Blüten des gleichnamigen Baumes gewonnen wird. Er wirkt aufheiternd und entspannend. Dieses Öl besänftigt „pflichtbewusste“ Hunde. Ich habe schon vielen Briefträgern den Tipp gegeben, in ihren Händen einen Tropfen Ylang Ylang zu verreiben, bevor sie sich einem Haus mit einem wachsamen Hund nähern. Als rücksichtsvoller Hundebesitzer können Sie drei Tropfen Ylang Ylang auf das Halsband oder Halstuch Ihres Hundes oder auch auf die Kopfbandage geben, wenn Sie Besuch oder den Briefträger erwarten.

Pfefferminze hilft mit ihrem frischen Duft indirekt gegen die Angst beim Autofahren, weil sie gegen Übelkeit wirkt. Viele Hunde fahren nicht gern Auto, weil es ihnen dabei schlecht wird. Das äußert sich nicht unbedingt durch Erbrechen. Auch starkes Speicheln und Hecheln oder ruheloses Im-Kreis-Drehen können Anzeichen sein. Tragen Sie das Pfefferminzöl mit kreisenden Muschel-TTouches in der Mitte des Bauches auf oder streichen Sie es auf das Zahnfleisch. Achten Sie darauf, dass nichts davon in die Augen des Hundes gerät.

Bewährt hat sich auch folgende Mischung: Füllen Sie eine Zehn-Milliliter-Spritze mit Pfefferminztee und geben Sie je zwei Tropfen der Bachblüten Aspen und Grabapple dazu. Verabreichen Sie kleinen Hunden einen Milliliter und großen zwei Milliliter davon vor dem Autofahren und währenddessen alle 30 Minuten.

SCHLUSSWORT

Mein Sheltierüde Schampus wurde im Alter von zwei Jahren von einem Pferd getreten. Er flog vier Meter weit durch die Luft, blieb bewusstlos liegen und Blut rann ihm aus Nase, Augen und Ohren. Ich stürzte zu ihm, nahm ihn auf den Arm und führte Ohren-TTouches aus. Während wir zum Tierarzt fuhren, versorgte ich ihn mit Rescue Tropfen, Arnica C 200 und weiteren Ohren-TTouches. Er kam zu sich, doch wenn ich die TTouches unterbrach, kollabierte er sofort wieder, also machte ich weiter, bis wir beim Tierarzt waren. Dieser meinte, dass das erlittene Schädeltrauma sehr groß und seine Überlebenschancen daher gering wären. Ich nahm Schampus mit nach Hause und versorgte ihn immer wieder mit Rescue Tropfen und dem Aromaöl Trauma Life. Ich lag mit ihm zusammen auf einer grünen Decke und wir hörten entspannende Musik, während ich ununterbrochen Ohren-TTouches ausführte und ihm erzählte, wie sehr ich ihn liebe. All das brachte ihn ins Leben zurück und schenkte uns weitere wundervolle 15 Jahre. Er war bei Hunderten von Dog-Dancing- und Tellington-TTouch®-Vorführungen mein Partner, sprühte beim gemeinsamen Tanz vor Energie und schmolz Sekunden später bei den TTouches unter meinen Händen dahin. Das überzeugte viele. Im Alter von 16 Jahren stand er bei der Hundeausstellung in Dortmund zum letzten Mal mit mir auf der Bühne und niemand glaubte, dass er schon so alt war. Stolz und voller Freude unterstützte er mich, so lange er konnte. Ich bin dankbar für jede Sekunde, in der ich all die wunderbaren Dinge mit ihm teilen durfte!

Nun wünsche ich Ihnen, dass Sie mit Ihren Seelenhunden ein ebenso erfülltes Zusammenleben genießen können wie ich mit meinem Schampus, und hoffe, dass die Techniken aus diesem Buch dazu beitragen.

Videos zu diesem Buch finden Sie unter folgendem Link:
https://www.youtube.com/channel/UCBNolLG8e1TdxOGSq3u73Vg?guided_help_flow=3

Oder einfach diesen QR-Code scannen:

©Archiv Freiling

Danke!

Dankbarkeit ist eine unserer wichtigsten Emotionen, die sowohl dem guttut, dem sie entgegengebracht wird, als auch dem, der sie ausdrückt.

Ich danke dem Cadmos Verlag für die Möglichkeit, meine Ideen und Erfahrungen in diesem Buch zu teilen.

Ich danke meinen zahlreichen Pflege-„Fellchen" und allen zwei- und vierbeinigen Kunden, von denen ich so viel lernen durfte und die meine Schatzkiste an Erfahrungen so gut bestückt haben.

Liebe Madeleine und lieber Rolf Franck, euch danke ich herzlich für die netten Trainings, die Fotosession und überhaupt für die Idee, mich zu fragen, ob ich dieses Buch schreiben möchte.

Liebe Linda Tellington-Jones, dir danke ich dafür, dass du die Tellington-TTouch®-Methode entwickelt hast und für all die inspirierenden Zeiten, die wir zusammen verbringen. Danke für deine Freundschaft, deine Unterstützung und das Vorwort.

Lieber Roger Mugford, dir danke ich für das erste nette Hundebuch, dass ich vor 25 Jahren lesen durfte, und für deine Freundschaft und alle kreativen Treffen.

Liebe Denise Nardelli, dir danke ich für unsere gemeinsamen Click-'n'-TTouch-Kurse, meine absoluten Lieblingskurse, und für all dein Engagement und deinen Einsatz für ein entspanntes und fröhliches Zusammenleben von Mensch und Hund.

Liebe Cat Barich, dir danke ich von Herzen für deine spontane und professionelle Bearbeitung der Bilder unseres Lieblings Malu.

Liebe Ulrike Ott, liebsten Dank für deinen kreativen Input und die tolle Fotosession mit meinem großen weißen Freund Nagua.

Simone Preukscher und Ole Brenneke mit Szyra, Ochocy und Jady, Melanie, Joel und Jens Hafemann mit Lucky, Luna und Mio, Anna de Boer mit Fine, Beate und Norbert Wichmann mit Grisu, Sky, Bente, Nessy und Angie, Inka und René Benkert mit Zoe-Butterblümchen, Sonja Luckenwald mit Laki und Sorella, Katja, Christine und Nati Cordes mit Mahina und Sternchen, Susanne Giese mit Sam, Harry und Juana, euch danke ich für eure Freundschaft und Unterstützung beim Bildermachen, Lesen und ganz besonders für euren Beistand, als mein geliebter Schampus seine Adresse änderte. Ihr habt mir so viel

Kraft gegeben und den Mut zum Weitermachen. Ihr seid großartig! Danke.

Lina Engelken, Anna de Boer und Inka Burow, euch danke ich für eure Bereitschaft, Fallbeispiele zu schreiben; leider passten sie jetzt nicht mehr ins Buch, aber im nächsten kommen sie zum Einsatz, versprochen!

Liebe Dörte Saathoff, dir danke ich für die wunderschönen Bilder und den Spaß, den wir immer zusammen haben.

Ich danke dir, liebe Maren Müller, meiner geduldigen Lektorin, für deine wunderbare Gabe, den roten Faden zu finden und aufzubauen. Danke für deine feinfühlige, freundliche und respektvolle Art, mit der du Änderungen und Umstellungen vorgenommen hast, und für deine Geduld. Wie schön, dass wir uns treffen konnten und du dir live einen Eindruck von der Tellington-TTouch®-Arbeit verschaffen konntest.

Lieben Dank an Dörte Saathoff, Konstantin Kallergis, Rainer Böttcher, Karen Rau, André Freiling und Madeleine Franck für die zur Verfügung gestellten Fotos sowie an Katja Krummel für die wunderschönen Zeichnungen und an Cat Barich für die Bildbearbeitung. Ihr seid großartig! Durch eure Hilfe wurde das Buch ein Schmuckstück.

Liebe Fotomodels und stillen Helfer und liebe alle, die ich noch nicht erwähnt habe, ich danke euch von ganzem Herzen für euren Einsatz und eure selbstverständliche Bereitschaft, „mal eben" für mich und mein Buch zur Verfügung zu stehen.

Besonders danke ich meiner Familie, die immer für mich da ist. Die mir den Rücken gestärkt hat, frisch gepressten Saft und herrliche Leckereien an den Schreibtisch gebracht hat, die Termine elegant um das Schreiben herumorganisiert hat, meine Hunde und den Zoo versorgt und mich in allem wie immer ganz selbstverständlich unterstützt hat. Was für ein Geschenk.

Lieber André, ich danke dir für die Rettung, wenn die Technik nicht so wollte wie ich, das Aufbauen und die schönen Mentaltrainingseinheiten, die die Kreativität für das Schreiben in Fluss gebracht haben, und für deine Hilfe beim Fotografieren, Sortieren und so weiter. Ich bin dankbar, dass du mich nun mit neuer Kraft wieder unterstützt und an meiner Seite stehst.

Von ganzem Herzen danke ich meinen Tieren. Meinen Hunden danke ich für ihre Liebe und Treue und dafür, dass sie geduldig, brav und mit viel Spaß jede Fotosession gemeistert haben, zufrieden seufzend an meinen Füßen oder auf meinem Schoß lagen, während ich schrieb, und mich durch freundliches Wedeln, Anstupsen oder Handabschlecken daran erinnerten, dass es auch gut ist, mal Pause zu machen, frische Luft zu schnappen und fröhlich herumzutoben, um dann wieder kreativ ans Werk zu gehen.

©Archiv Freiling

ÜBER DIE AUTORIN

Karin Petra Freiling schrieb ihre Diplomarbeit in Biologie im Bereich Ethologie über Bonobos (Zwergschimpansen), unsere genetisch engsten Verwandten. In den Zoos in Wuppertal und Frankfurt hatte sie auch die Gelegenheit, Wölfe und Wildhunde zu beobachten, und nutzte diese Chance ausgiebig.

Bereits während ihres Studiums wurde sie auf die Tellington-TTouch®-Methode aufmerksam, die sie so sehr überzeugte, dass sie sich darin ausbilden ließ. Heute, nach 20 Jahren, ist sie eine der neun Tellington-TTouch®-Instruktorinnen (Tellington-Trainerin mit dem höchsten Rang) und arbeitet eng mit der Begründerin Linda Tellington-Jones zusammen.

Im Rahmen ihres Studiums und ihrer dreijährigen Tellington-TTouch®-Ausbildung lernte sie auch das Prinzip des Clickertrainings kennen. Sie eignete es sich in allen erreichbaren Kursen im In- und Ausland an und baute diese motivierende, einfache und produktive Methode mit in ihre Arbeit ein. Tellington TTouch® und Clickertraining passen wunderbar zusammen, was auch dieses Buch und insbesondere die enthaltenen Fallgeschichten zeigen.

Stark geprägt wurde Karin Petra Freiling außerdem von dem anerkannten britischen Tierpsychologen Dr. Roger Mugford, dessen Buch *Hunde auf der Couch* ihr vor etwa 25 Jahren als das erste „nette" Buch zum Thema Hundeerziehung auffiel, und der heute zu ihren besten Freunden zählt.

Da Karin Petra Freiling schon immer das Wohlergehen von Mensch und Tier am Herzen lag, bildete sie sich kontinuierlich weiter und ist mittlerweile Heilpraktikerin für Psychotherapie, NLP Master, Gesundheitsberaterin und Hundephysiotherapeutin. Sie berät und begleitet Menschen und Hunde in den verschiedensten Lebenssituationen und verfolgt dabei einen ganzheitlichen Ansatz, bei dem sie für jeden ein individuell passendes Programm zusammenstellt.

Literatur und Bezugsquellen

ZUM WEITERLESEN

Becvar, Wolfgang: Naturheilkunde für Hunde. Stuttgart: Kosmos Verlag, 2003 (2. Aufl.)

Biber, Dr. Vera: Hilfe, mein Hund ist unerziehbar. Kirchhain: Verlag Hartmut Becker, 2013

Blümchen, Katrin: Das Wohlfühl-Buch für Hunde. Schwarzenbek: Cadmos Verlag, 2009

Burow, Inka: Das große Handbuch Clickertraining. Schwarzenbek, Cadmos Verlag, 2014

Edelmann, Renate: Mit Bach-Blüten unsere Haustiere heilen. München: Ansata Verlag, 1999

Fisher, Sarah: Antistressprogramm für Hunde. Stuttgart: Ulmer Verlag, 2009

Freiling, Karin Petra: Der Glückskompass. Klosterseelte: Eigenverlag, 2012

Gutzmann, Gerhard: Das Große Lexikon der Heilsteine, Düfte und Kräuter. Ahlerstedt: Methusalem Verlag, 2014 (25. erweiterte Neuaufl.)

Haag, Gaby: Das koche ich meinem Hund. München: BLV Verlag, 2011

Hallgren, Anders: Stress, Angst und Aggression bei Hunden. Schwarzenbek: Cadmos Verlag, 2011

Hood, Robyn/Petty, Mandy: Gut gewickelt (Haustiere). (Erhältlich über *www.tteamshop.de*)

Kasper, Markus/Zohmann, Andreas: Ganzheitliche Schmerztherapie für Hund und Katze. Stuttgart: Sonntag Verlag, 2013

Laser, Birgit: Clickertraining für den Familienhund. Schwarzenbek: Cadmos Verlag 2005

Pilguj, Sabina: Dog Reläx. Stuttgart: Müller Rüschlikon, 2009

Pitcairn, Richard und Susan: Dein Hund – gesund auf natürliche Weise. Stuttgart: Pietsch Verlag, 1986

Pryor, Karen: Clicker – positives Lernen für den Hund. Nerdlen: Kynos Verlag, 2002

Schwartz, Cheryl: Traditionelle Chinesische Medizin für Hunde und Katzen. Stuttgart: Sonntag Verlag, 2005

Stark, Michaela: Das Bachblüten-Buch für Hunde. Schwarzenbek: Cadmos Verlag, 2002

Tellington-Jones, Linda: Tellington-Training für Hunde. Stuttgart: Kosmos Verlag, 2010

Tellington-Jones, Linda: TTouch for you!. Stuttgart: Kosmos Verlag, 2012

Werner, Monika: Ätherische Öle. München: GU Verlag, 1998

BEZUGSQUELLEN

www.grau-tiernahrung.de (Hokamix und Velcote)
www.dogoutfit.de (maßgeschneidertes Tellington-Equipment)
www.esther-fonzetti.de (Aromaölmischungen, Beratung und Vertrieb)
www.anibio.de (Anibio Anticox-HD)
www.tteamshop.de (Tellington-Equipment)
www.leyen-hundefutter.de (Bio-Hundeleckerli)
www.clickershop24.de (DVD zum Clickertraining, Dogstepper für den Aufbau des Tellington-Labyrinths)

STICHWORTREGISTER

Karin Petra Freiling

HUNDUM FIT

Wir wissen, dass die Zeit mit dem geliebten Vierbeiner begrenzt ist – umso wichtiger ist es, dass wir das Beste aus ihr rausholen! Karin Petra Freiling gibt praxisnahe Tipps, um das Wohlbefinden von Hunden zu verbessern, Krankheiten und Verhaltensproblemen vorzubeugen sowie die Beziehungsqualität für Mensch und Hund zu erhöhen. Sie zeigt, wie auch bei Hunden Lebensstil und Gesundheit zusammenhängen und mit welchem Wissen Hunde gesund alt werden und dabei geistig fit bleiben können. Erfahren Sie, welche Rolle das Futter spielt und welche Nahrungsmittel sich positiv auf Hundekörper und -verhalten auswirken, welche Bewegung auch alten Hunden guttut und wie sich Stressfaktoren ausgleichen lassen. Lesen Sie, wie Sie alle Sinne des Hundes ansprechen können, um seine Entspannung zu verbessern und wie sowohl Hund als auch Mensch zu mehr Achtsamkeit im Miteinander finden können.

96 Seiten, farbig, broschiert | ISBN 9-783-8404-2065-8

Madeleine Franck und Rolf C. Franck

DARF'S EINER MEHR SEIN?

Noch einmal einen Welpen aufwachsen zu sehen, einem Tierschutzhund ein neues Leben zu ermöglichen, dem eigenen Vierbeiner mehr Lebensqualität durch engen Kontakt zu Artgenossen zu geben – das Buch unterstützt Hundebesitzer:innen darin, eine wohlüberlegte Entscheidung für oder gegen einen weiteren Hund zu treffen. Gleichzeitig verhilft es zu einem besseren Verständnis der Gruppendynamik, die mit jedem weiteren Hund an Stärke gewinnt und allzu leicht aus Problemchen große Probleme werden lässt.

128 Seiten, farbig, gebunden

ISBN 978-3-8404-2072-6

Auch als E-Book erhältlich

Katrin Andres

MOBBING AUF DER HUNDEWIESE

Erfahren Sie in diesem Buch, wie die Bedürfnisse Ihres Hundes Einfluss auf sein Verhalten nehmen und was Mobbing unter Hunden ausmacht. Neben Erklärungen und konkreten Beispielen finden sich hier Trainingsanleitungen, Übungen und Tipps, die helfen, Mobbing zu verhindern, abzubrechen und seine Folgen möglichst gut aufzufangen.Die Autorin vermittelt, wie eine entspannte Begegnung unter Hunden von einer angespannten Begegnung und einer konkreten Mobbingsituation unterschieden werden kann.

128 Seiten, farbig, gebunden

ISBN 978-3-8404-2071-9

Auch als E-Book erhältlich

Nicole Röder

BINDUNGSSPIELE FÜR HUNDE

Gegenseitiges Vertrauen, Verständnis für die Bedürfnisse des Anderen, tolle gemeinsame Erlebnisse – all das ist die Basis für eine enge Bindung zwischen Mensch und Hund. Dieses Buch liefert leicht umsetzbare Spiel- und Beschäftigungsideen, die genau darauf abzielen: Eine besondere Beziehung und eine starke Verbundenheit werden aufgebaut, gefestigt und vertieft. Ob Ideen für kreative Neugestaltung des täglichen Spaziergangs, gebastelte Abenteuerparcours und Denkspielzeuge, körperbetonte Action oder ruhige Schnüffelspiele – eine Auswahl von vielfältigen Spielideen bietet die richtige Anregung für jede Lebenslage.

96 Seiten, farbig, gebunden

ISBN 9-783-8404-2069-6

Auch als E-Book erhältlich

Katrien Lismont

NEUSTART FÜR HUNDE

Allzu oft wird ein Hund zu einem „wandelnden Experiment". Etliche Methoden werden ausprobiert, es wird viel trainiert, manchmal kommen auch Medikamente zum Einsatz. All das bleibt letztendlich ohne Erfolg, denn diese Hunde haben zwar manches gelernt, aber eines sicherlich nicht: mit dem Leben klarzukommen. Die verzweifelten und frustrierten Hundehalter stehen oft kurz davor zu kapitulieren und sich entweder mit dem Problem und ihrem gestressten Hund zu arrangieren oder ihn abzugeben.

128 Seiten, farbig, gebunden

ISBN 9-783-8404-2067-2

Auch als E-Book erhältlich

CADMOS Verlag www.cadmos.de

Cadmos Verlag GmbH | Englmannstraße 2 | 81673 München | Tel. +49 (0)89/451 08 51-0 | vertrieb@cadmos.de